餐桌搭配的美学设计

［日］滨裕子 —— 著

李娜 王斯 —— 译

中国轻工业出版社

前言

迄今为止，我有幸出版了几本有关餐桌搭配的书籍。本书尝试了不同于以往的切入点，提出了餐桌搭配的构思以及系统的技术性建议。换句话说，将专业知识转化为易于理解和操作的内容，这对我来说是一个挑战。

实现精致的餐桌搭配需要哪些要素？譬如较高的品位，对流行趋势敏感，收藏各式各样的美器……然而这些都是锦上添花的要素，餐桌搭配同样需要具备扎实的知识和技能。也就是说，一旦拥有了知识和技能，任何人都可以布置出一张漂亮的餐桌。

谁看都觉得漂亮，想坐下来美餐一顿的餐桌搭配，其搭配设计是有严密的结构方法与基本规律的。在这本书中，我们在保持审美敏感性的同时，不被时尚潮流左右，从视觉效果的角度系统地解释了餐桌搭配的基本理论、技巧、诀窍和思维，因为这些是可以适用于任何时候而不过时的。除了结合西式餐桌搭配的基本知识，书中还介绍了我从多年实践经验中总结的"十大法则"，它们是餐桌搭配的必备锦囊。呈现视觉美感的同时，阐释经过十年也不会落后的知识与技术，基于这一理念，我完成了本书的创作。倘若本书能给餐桌搭配的初学者带来一点启发和帮助，我将深感荣幸。

滨裕子

作者简介
滨裕子
（Yuko Hama）

花艺和饮食空间设计师。除了花艺、室内装饰和餐桌搭配之外，也参与饮食空间的设计、咨询、活动和广告企划。主理"花生活空间"，秉持"与花共居，生活空间艺术化"的理念，在个人工作室开办餐桌搭配课程。同时，她还举办研讨会、讲座，从事写作，活跃于电视荧幕。出版《日式餐桌布置》《漆器餐桌布置》《200道款待与聚餐的小点心》《茶与日式点心的12月餐桌布置》《日式餐具基础知识（修订版）》《西式餐具基础知识》《两个人的日式餐桌布置》（以上均为诚文堂新光社出版），以及《令人赞不绝口的食谱与宴客教学》（角川出版社）等多部作品。她同时担任日本公益法人饮食空间搭配协会副会长、认证讲师。

目 录

第1章
餐桌搭配的思维方式和切入点 006

什么是餐桌搭配 008

思维方式和切入点
基于意象的思考 012
基于季节的思考 016
基于场景的思考 020
基于风格样式的思考 024

第2章
基于视觉效果思考餐桌搭配的基本知识 032

必备用品
西餐瓷器（餐盘、杯子和杯碟等） 034
刀叉 040
玻璃杯 044
餐桌用布 048
餐桌装饰品 052

餐桌花
餐桌花的作用和规格 058
餐桌花的摆放技巧之一：重复 062
餐桌花的摆放技巧之二：侧置 063

餐桌布置基础
自用空间和公用空间 064
半正式的晚宴布置 066
简约风格的餐桌布置 067
休闲风格的餐桌布置 068

餐桌搭配专栏
餐桌搭配专栏1　银器茶具 056
餐桌搭配专栏2　西式和日式相结合的现代餐桌布置 070
餐桌搭配专栏3　各种花器及使用方法 120
餐桌搭配专栏4　搭配计划表 170
餐桌搭配专栏5　Ins风的造型 184
餐桌搭配专栏6　餐桌搭配和餐桌展示的区别 202

* 本书中出现的餐具等餐桌用品，仅注明需要特别标注的品牌和系列名称，其中部分涉及作者个人所属物品，相关店铺可能不再出售。

第 3 章
基于色、形、质的餐桌搭配技巧 …… 072

色彩搭配
- 色彩体系 …… 074
- 关于色相 …… 075
- 关于色调 …… 076
- 配色技巧 …… 077
- 台布颜色和图案的效果 …… 086
- 色彩的心理效应 …… 088
- 多色相混搭 …… 090

形状搭配
- 餐盘的形状 …… 094
- 不同形状的餐盘叠放 …… 096
- 形状变换多样的搭配示例 …… 098
- 刀叉的形态和款式 …… 100
- 基于酒种选择玻璃杯形状 …… 104
- 餐巾的折叠效果 …… 108
- 餐桌花与花器 …… 112
- 突显形状的搭配示例 …… 116

材质搭配
- 餐盘的材质 …… 122
- 叠加不同材质的餐盘 …… 124
- 刀叉的材质 …… 126
- 玻璃的材质 …… 128
- 体现材质的餐桌搭配示例 …… 130

6人餐桌的搭配示例
- 6人餐桌的基本布置方法 …… 134

第 4 章
基于设计的餐桌搭配十大法则 …… 144

- 美好餐桌搭配的十大法则 …… 146
- 餐桌搭配的创意和组合技巧
- 6W1H基本原则 …… 148
- 本章介绍的餐桌搭配的阅读指南 …… 149

餐桌搭配1
艺术剧场般的非日常体验 …… 150

餐桌搭配2
酒店式的庆典聚餐 …… 157

餐桌搭配3
品酒主题的家庭聚会 …… 163

餐桌搭配4
质朴与现代融合的创意 …… 172

餐桌搭配5
用餐具提升在家用餐的格调 …… 178

餐桌搭配6
花朵绽放的艺术餐桌 …… 186

餐桌搭配7
精致优雅的烛光晚餐 …… 195

致谢 …… 205
拍摄合作方 …… 206

 第 1 章

餐桌搭配的思维方式和切入点

本章是对餐桌搭配的概述,以及构建餐桌搭配的思维方式和切入点。

"什么是餐桌搭配"一节中,将阐释诸如餐桌造型、餐桌装饰、餐桌展示等相近术语之间的区别,会谈到餐桌布置的历史、餐桌搭配的定义和推进方法。

"思维方式和切入点"一章中,将介绍意象、季节、场景、风格样式这四种思维方式和切入点。有关意象、季节、场景,将讨论颜色和物品的选择;关于风格样式,则以法国利摩日(Limoges)的柏图(Bernardaud)品牌瓷盘为例进行说明。

餐桌搭配的美学设计

什么是餐桌搭配

学习重点 ● 了解餐桌搭配的术语和定义，认知餐桌搭配的内涵和重要性。

"餐桌搭配"一词被广泛使用，具体是指什么呢？似乎很难用语言解释清楚，也许可以通过图像有个基本了解。这里将试图说清楚到底什么是餐桌搭配。事实上，"餐桌搭配"这个词对应英文"table coordination"，主要是日本的说法。它是已故的餐桌搭配先驱邦枝恭江（Yasue Kunieda, 1932—2011）创造的日式英语。欧美国家通用的是餐桌布置（table setting）或餐桌装饰（table decorate）。另外，在日本，餐桌搭配师这个职业在国外通常被称为装饰师（decorator）或规划师（planner）。

广义的餐桌搭配

使用"餐桌搭配"来表述餐桌造型、餐桌展示、餐桌装饰、餐桌布置等全部内容，是一个新的趋势。接下来谈谈个人对这些概念的理解。

餐桌造型中的"造型（styling）"是"风格（style）"的派生词，意为"塑造风格"，对原有状态进行调整，使其充分地呈现出效果。例如，要在照片中表现出食物的辣味，就会撒上比实际更多的辣椒，或者用蒸汽来营造一种热气腾腾的感觉。这就是所谓的餐桌造型。比如为了使餐桌看起来漂亮，可以移动盘子和物品的位置，或刻意散开餐巾，来传递画面的生动气息。

餐桌展示的"展示"（display）表达了陈列、呈现等意思。目的是有效地摆放物品，但实际上要做好从选品到展陈一系列的实务工作（餐桌展示的范例将在第202页展开说明）。

餐桌装饰与餐桌展示有一些共同之处。在百货公司和品牌店，负责装饰商场和橱窗的工作人员被称为搭配师。他们的工作通常作为公司销售策略和促销活动的一部分，在营销方案的基础上进行装饰。此外，不以饮食为目的，追求娱乐性和艺术性的餐桌，也可以归到餐桌装饰的范畴。

餐桌布置是指按照一定规则摆放食器、餐具（如刀叉）和玻璃器皿。日式、西式和中式的布置方式各不相同，目的都是让人在用餐时感到舒适。例如，刀叉和玻璃杯的放置顺序要基于上菜的顺序，考虑到便利性。

上述四个概念中，与餐桌搭配关系最密切的是餐桌布置。以下简要地介绍其历史。

餐桌布置的历史

现代餐桌布置的来源可以追溯到18世纪末。在中世纪以前的欧洲，即便是贵族也用手进食。对于狩猎民族，刀是作为必需品存在的，但目的并不是切割，而是便于刺、挑。

随着时代的变迁,刀逐渐演变成现代的餐刀。叉子,则是从中东传到意大利,再传至法国的。叉子的形状也从两齿演变成三齿,再演变到现代的四齿。勺子,是为了配合舀汤的深盘而专门制作的,它出现在正式的日本餐桌上是17世纪末。就这样随着历史的发展,菜肴和餐具的种类不断增多。餐桌在变得多样化的同时,"美观易用"的需求也应运而生。随之而来的是餐桌礼仪,餐桌布置为礼仪的产生提供了实物基础。

在欧洲,每个时代都有流行的餐桌布置风格。同时,受到国家地域、饮食环境、历史和文化背景等影响,又有诸如法式、英式的风格,刀叉的摆放方式和面包盘的位置不尽相同。此外,还要根据晚宴、签约和协定(国际礼仪)场合布置的餐桌。顺带一提,日本是从明治五年(1872)开始使用刀叉,从此在日本皇室确立西式的用餐礼制,晚餐和正餐也以西餐制为主。

用餐桌搭配演绎出用餐空间

餐桌搭配是在了解每种风格的布置基础上,结合各种餐具(日式或西式餐具、杯子、刀叉、桌布、餐桌装饰品等),营造出整个用餐空间。为了彰显食物的美味,让用餐变得轻松、有趣,可以通过不同的设计(颜色、形状和材料)来营造以餐桌为核心的用餐空间。

以住宅为例,可以把餐桌搭配看作规划和设计,餐桌布置则相当于搭配的过程。两者兼具,餐桌才算是完整的。

人们在餐桌旁不单依靠视觉,还会通过听觉、触觉、嗅觉和味觉的多重享受来度过愉悦的时光,留下美好的回忆。当然,前提是主人富有创意的款待之心。可以说餐桌搭配是主人款待之心的具体表现。

如何进行餐桌搭配

在餐桌搭配中,一般以"6W1H"原则构建一个框架,包括主办(Who)、宾客(With whom)、目的(Why)、场所(Where)、时段(When)、菜肴(What)和形式(How)。如果考虑工作中餐桌搭配的情况,还需要加一项预算(How much)。餐桌搭配需在预算中恰到好处地最大化它的效果。

框架完成后,根据场景和图像,选择适合特定场景的餐具。装饰餐桌的季节性鲜花、可以制造话题的餐桌装饰品,以及任何可以顺利地在餐桌上传递的物品。再比如使用蜡烛等光源、空调和背景音乐等,来协调整个空间的构图。除了确认客人是否对个别食物过敏之外,还要考虑客人的年龄、性别和偏好,来计划整个搭配的理念以及餐具的选用。预演从厨房到餐桌的动线,预估从迎接客人到客人离席的时间,并制定张弛有度的时间表。

餐桌搭配,只要你掌握了技术和知识,就可以根据想象设计出一个别致的餐桌。不过最后的点睛之笔还是"人"。人性、价值观、审美眼光和人生经验交织在一起,造就人的"感性"。这就是为什么仁者见仁、智者见智,餐桌搭配的乐趣是无穷的。

思维方式和切入点

学习重点
- 了解意象、季节、场景、风格样式等四种思维方式和切入点。
- 学会挑选合适的物品和颜色。

基于意象的思考

在餐桌搭配中,用鲜花、餐具、桌布和餐巾来使目标意象具象化。这时,了解每个意象的颜色和材质并提出令人信服的建议非常重要。为此,可参考下面的意象坐标轴。

意象坐标轴是由日本色彩设计研究所(NCD)根据色彩心理学研究设计和开发的。它由两个轴组成,以暖(WARM)/冷(COOL)为横轴,软(SOFT)/硬(HARD)为纵轴,分别定位16个意象。在意象坐标轴上,除了纯色、配色方案和语言外,还可放置形状、材料、图案、花卉、花器、容器等特定"元素"。将各种元素放在一起进行比较,将它们在坐标轴中的相应位置进行模式化,进而客观地、有逻辑地阐释各意象之间的关联。可以说,它是"感性的指向"。由于包含了产品的结构分析、概念设定以及色彩规划等一系列的"意象链接",这个意象模型,还可以广泛运用于餐桌搭配之外的室内装潢、店铺设计、产品开发等领域。

通过解读颜色和意象,结合每个意象惯常使用的颜色和配色方案、指代意象的词语和特征,自然会搭配得有理有据,便于将搭配理念完整传达给用餐者。接下来,对上述16个意象中使用相对高频的12种意象进行说明。

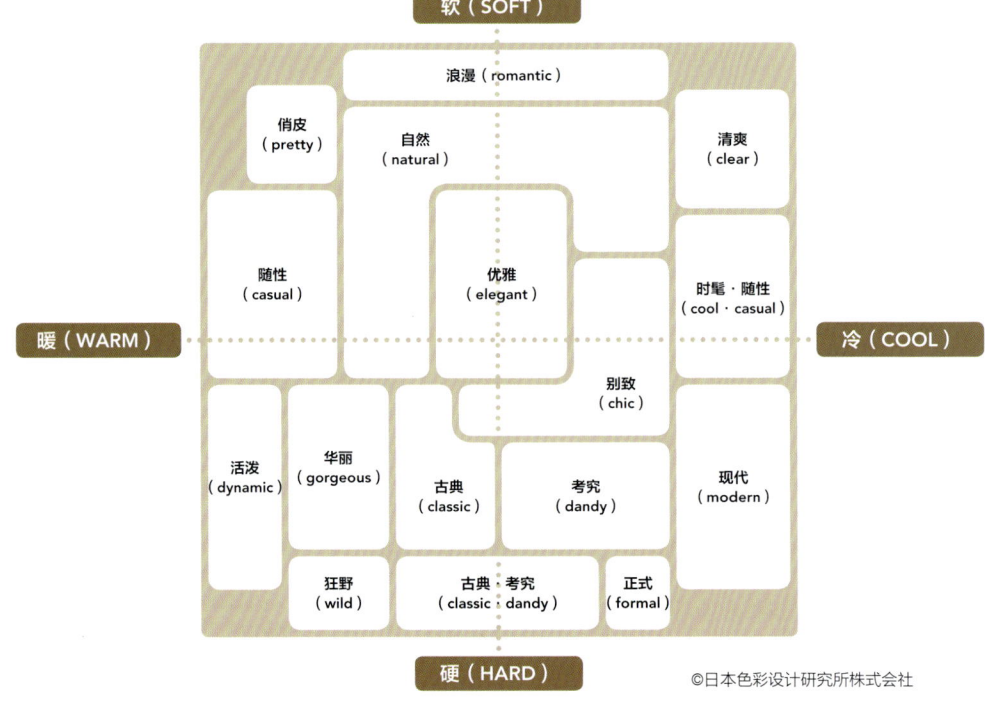

©日本色彩设计研究所株式会社

俏皮（pretty）

位于意象坐标轴的左上角，其形象多表达为明亮、活泼、可爱，颜色多属于暖色系，一般使用明亮的色调来表达轻松、愉快的氛围。

随性（casual）

位于俏皮的下方，具有充满活力、乐趣和流行的意象。同时也给人友好和热闹的印象。通常使用饱和色调的多色组合来搭配白色，以表现清晰的对比度。可以自由表达，不必拘泥于规则。

活泼（dynamic）

位于随性的下方，属于坐标轴下半部分的"硬"区。它传达的是大胆、精力充沛、热情洋溢、富有力量的意象。就季节而言，它的形象犹如艳阳高照的夏天。可以使用大图案的桌布，或是具有热带风格的花朵来表达。

华丽（gorgeous）

位于活泼的旁侧，毗邻古典和优雅，代表装饰华丽、豪华，也可以表达艳丽成熟的女性意象。一般在紫红色和紫色系的基础上，加入金色来展现华丽的效果。

随性

华丽

浪漫（romantic）

位于意象坐标轴纵轴的顶部，属于"柔"区，可表现纯真甚至是惹人怜爱的意象。一般使用淡粉色、淡蓝色和薄荷色等柔和的颜色，来表达甜蜜、柔和的美。适合搭配淡色调的花卉图案、蕾丝、褶边等。

自然（natural）

位于浪漫的下方位，毗邻八个形象。这是一个质朴和平静的放松意象，适宜用大量的天然材料（如麻、棉花、木头和藤蔓等）来搭配，以黄绿色、米色和象牙色为中心，是弱化对比度的配色方案。

优雅（elegant）

位于坐标轴的正中，是精致有格调的意象。一般使用闪亮的优质材料和高档陶瓷，彰显女性的知性魅力。代表色是灰紫色。如果加入紫红色，它便多了几分华丽，如果是紫蓝色则更为别致。

别致（chic）

位于优雅的旁侧这是一个优雅偏现代化的意向，表现知性的都市形象。通常使用灰色或浅灰色来体现柔和沉稳。它的特点在于，适用的颜色范围虽然较少，但是偏爱以优质材料来增添成熟的质感。

浪漫

自然

古典（classic）

位于意象坐标的左下方具有传统质感和高级感的自信意象。结合金饰、传统图案和风格的餐具来提升品位。以茶色系为中心的酒红色、胭脂红等深色，不需加强对比度即可将高级感完美体现。

正式（formal）

位于现代坐标旁边的硬区，是最具品位的意象。常用中性色、深蓝色和深紫色搭配。桌布采用麻白色锦缎，餐具选用高档瓷器，刀叉一般使用银器，玻璃杯的设计则多为切割纹。

清爽（clear）

位于意象坐标轴的右上方，以透明感和清爽感为主，是一个简单而整洁的意象。餐具一般用玻璃制品和银器，偏重以冷色和白色搭配，营造洁净感。

现代（modern）

位于意象坐标轴的右下方，是具有较强现代感的冷静、锐利的意象。在中性色中添加活泼色调时，会带来视觉上的冲击。流行色会随时代而变，因此现代感也会随之改变。

清爽

现代

基于季节的思考

人们围坐在餐桌旁经常谈论的一个共同话题便是季节。尤其在日本这样四季分明的国家，人们自古以来顺应时令，感受季节的风物与细微变化，遵循自然成为一种文化，扎根在每个人的心中。

不同的季节和时令，都有相对应的节庆色彩和节令食品。在西式餐桌搭配中，也有季节性的食材、菜肴、餐具、鲜花和餐桌饰品，以呼应不同的季节。合理地平衡和协调上述因素可以产生共鸣，为齐聚一堂的人们打造和谐的餐桌。

这里将举例说明四季的餐桌配色以及挑选餐桌物品时的要点。

春

在日本，春天是一个令人翘首以盼的季节。严冬将去，春天让人沐浴在柔和的阳光下。万物萌新，梅花、桃花和樱花相继绽放，花店里也可以观赏到缤纷簇拥的花朵。这也恰逢入学典礼和新年伊始的节点，让人感觉焕然一新。因此餐桌搭配中多使用粉色、嫩绿色、黄色和浅紫色等亮色，来展现蓬勃生机。

第 1 章　餐桌搭配的思维方式和切入点

夏

夏天是被晴朗蓝天、清新的微风和青叶点缀的五月，充斥潮湿的六月雨季，以及紧随其后艳阳高照的七月。夏天也因每个月的天气变化而表现得各不相同。长此以往，日本人学会了将生活的智慧应用到意象的表达中。比如利用清水、清爽的食材、玻璃、竹子和藤条等材料来赋予夏日凉爽。在颜色上，使用蓝色和白色来增强对比度，也可产生凉爽的感觉。

秋

秋天的山野开始渐渐呈现红、橙、黄色,餐桌上的美味佳肴是来自秋天的馈赠。我认为,对于曾为农耕民族的日本来说,"丰收"这个词蕴含着祈福和祝愿的含义。使用从红色系到黄色系部分的颜色,同时挑选如果实、天鹅绒、花卉、木材等自然材料作为素材,来展现秋天的自然韵味。

第 1 章 餐桌搭配的思维方式和切入点

冬

冬天，即将迎来圣诞节和新年等节日。除了使用红色和绿色来表现华丽和神圣的形象之外，还常用红色和橙色这样的暖色系，也可以用深色组合来表现温暖，还可以用白色和灰色的搭配烘托雪的氛围。下图是北欧圣诞节期间的餐桌搭配。

基于场景的思考

餐桌搭配一般根据"主办""宾客""目的""时段""场所""菜肴"和"形式"来进行搭配。这里通过已有的搭配示例来再现一天的日常：早餐、午餐、下午茶和晚餐的场景。根据一天中的时间和对应的行为模式，人们会在心理上不自觉地倾向不同的颜色。例如

早餐

早餐是一天的开始。在周末，你也许会享受悠闲的早午餐，但在繁忙的工作日早晨，简单的餐桌布置来得更实用。事实上多数人的想法是：喝杯咖啡，再来份面包配鸡蛋就够了吧。这里推荐休闲桌垫，比如芬兰品牌阿拉比亚（Arabia）的"天堂"（Paratiisi）系列，大胆的水果图案就是充满元气的一个例子。在早餐的餐桌上，清洁、新鲜和清爽的印象很重要。

清晨为清爽的颜色,白天适合充满活力的颜色,晚上则偏爱使人平静的颜色。人们偏好的共同点越多,搭配起来就越容易引起共鸣。

午餐

衔接白天活动的午餐应以自然光为主,搭配红色、橙色等充满能量的色彩或者用多种色调来搭配,可以显现活跃的氛围,进而为下午的工作补充能量。可使用桌垫进行简单地协调,或者也可以使用带有活泼图案的桌布。可以用鲜艳的色彩作为基调,也可用蓝色系让餐桌显得更知性和清爽。

下午茶

下午茶是很多女性聚在一起喝茶聊天的地方。优雅的蕾丝桌布，赏心悦目的花朵以及优雅的下午茶套餐，可以营造一种尽享慢生活的空间。为了避免对比度太高，建议使用淡粉色和淡蓝色这种柔和的色调。上图是使用了法国利摩日瓷器雷诺（Raynaud）品牌"天堂"（Paradise）系列的茶具。

第 1 章 餐桌搭配的思维方式和切入点

晚餐

理想情况下,晚餐应该稍微调暗灯光,借助烛光营造宁静的色调和空间。对于正式和半正式的晚宴场合,遵循蜡烛成对点燃的规则,但对于非正式的晚餐和休闲场合则不然。与早餐和午餐不同,可以用深色暖色系的烘托,营造出一个安静舒适、时间放缓的氛围。上图使用了法国利摩日柏图瓷器的"阳日之光"(Sol)系列。

基于风格样式的思考

在餐桌搭配中，将各种物品组合在一起并协调它们的风格来形成和谐的餐桌是非常重要的。对于官方和正式的餐台，需要选择合理的器皿。从正式到随性，器皿的风格应当和谐一致。

风格是指凝聚展现独特形状和外观的表达方式。在建筑、室内装饰、家具和绘画等艺术领域，可以看到反映特定历史时期的典型设计，餐具也是如此。

右侧矩阵中，横轴为"样式"，纵轴为"风格"，上下左右分别放置了"古典和现代"以及"正式和随性"的项。同时，矩阵里放置了法国利摩日柏图瓷器的十二个餐盘。希望这个矩阵图会让你对风格样式有一个大致的了解。了解每件餐具的风格和样式，可以明确风格和场合的布置。

在风格方面，典型的风格包括文艺复兴时期风格、巴洛克风格、洛可可风格、新古典主义风格、帝国风格、维多利亚风格、新艺术风格、装饰艺术风格、现代风格和当代风格。有关上述每种风格，笔者曾在《西式餐具基础知识》（诚文堂新光社出版）中介绍过，大家可以参考一下。

法国陶瓷起源于法国北部城市鲁昂（Rouen），随后在巴黎郊区的赛佛尔（Sèvres）得到发展，是一度流行洛可可风格的优雅器具。深蓝色系列"赛佛尔蓝（Sèvres Blue）"时至今日仍广为人知。1768年，人们在法国中部城市利摩日的郊区发现了陶瓷的主要原料：高岭土。于是高岭土开始被使用。

1863年，拿破仑三世时期，柏图品牌诞生在利摩日这座城市，并且成为法国高档瓷器的顶级品牌，受到世界各地厨师的高度赞誉。它秉承高贵的传统工艺，推出了具有法国特色的创意感性系列。从下一页开始，可以看到十二个餐盘的特点。

Formal 正式 ◀┄┄┄┄┄┄┄┄

Classic 古典

风格样式矩阵图

"柏图品牌"甜品盘系列

- A 极光（Aurora）
- B 康斯坦斯（Constance）
- C 伊甸园（Eden Turquoise）
- D 海洛薇兹（Héloïse）
- E 普里亚纳（Praiana）
- F 画廊·皇家·蓝色·夜晚（Galerie·Royale·Bleu·Nuit）
- G 朝露·铂金（Ecume Platine）
- H 阳日之光（Sol）
- I 金枝翠雀（Aux Oiseaux）
- J 心花怒放（In bloom）
- K 梦幻仙境（Féerie）
- L 卢浮浅影（Louvre）

随性 Casual

现代 Modern

餐盘品牌方：柏图日本株式会社

Classic
古典风格

A 极光（Aurora）

枫丹白露宫（Château de Fontainebleau）设计的复刻版。有着令人惊叹的豪华金色饰面，是适合高级餐桌的华丽餐盘。

B 康斯坦斯（Constance）

将19世纪的帝国风格设计传承至今。象征权力、长寿、和平的球饰，以及橡树叶和月桂叶，像水彩画一样生动而巧妙地描绘出来。

第 1 章　餐桌搭配的思维方式和切入点

C 伊甸园（Eden Turquoise）

作为19世纪下半叶的代表设计，从18世纪开始流行的盘形上，以大花束和金色纹样作为装饰。巧妙地运用金色光泽面和哑光面的装饰。昆庭（Christofle）的著名刀叉系列"伊甸花园"（Jardin d'Eden）（第100页）几乎与此相同。

D 海洛薇兹（Héloïse）

把19世纪初大量使用金色的设计运用到了现代风格中。作为柏图瓷器的代表作品，借此刻画出19世纪的典型植物——精致的雏菊生动地画在了盘子的金色边缘上。

新艺术风格/装饰艺术风格

E 普里亚纳（Praiana）

这是一个新艺术风格的盘子，看起来像在绿色波浪的鲨鱼皮浮雕纹上，点缀了仙气飘然的白色非洲菊或是花毛茛。

F 画廊·皇家·蓝色·夜晚
（Galerie · Royale · Bleu · Nuit）

装饰艺术风格的现代版本。深蓝色和白色之间的鲜明对比是它最为典型的特点。

第 1 章　餐桌搭配的思维方式和切入点

Modern
现代风格

G 朝露·铂金（Ecume Platine）

灵感来自海洋里的泡沫，大大小小的圆形图案显示出丰富的现代感。从闪闪发亮的铂金可以看出这是一套华丽、独特的餐盘系列，同时可以搭配各种室内空间。

H 阳日之光（Sol）

现代系列，用闪闪发光的金色细线来表现阳光的意象。与古典风格的容器相结合，可满足各种风格需求。

自然装饰风格

柏图有许多系列是从自然界获取灵感的图案设计。具体而言如融合了法国典型的装饰风格，再到现代创作者设计的当代风格，各色各样，不拘一格。

I 金枝翠雀（Aux Oiseaux）

传统画风的鸟类和蝴蝶图案加上金色的树枝，融合了和风。该系列的灵感来自16至17世纪流行的古董室。秋天的雀鸟停靠在金色的树枝上，令人想起日本的版画。

J 心花怒放（In bloom）

与旅居洛杉矶的以色列年轻女艺术家泽默·佩尔德（Zemer Peled）的合作款。钴蓝色花的图片是生动和大胆的，可用于简单和华丽的搭配中。

第1章 餐桌搭配的思维方式和切入点

K 梦幻仙境（Féerie）

这个系列名称在法语中意为"仙女"。花和三叶草散落一地，描绘了蜂鸟和蝴蝶灵动的画面，展现了活泼、细腻和浪漫的印象。这是与居住在巴黎的艺术家迈克尔·凯勒（Michaël Cailloux）的合作款。

白色浮雕

代表从文艺复兴时期到第二帝政时期的法国典型建筑风格的浮雕系列。白色百搭，很有吸引力，与任何室内装饰都很相配。

L 卢浮浅影（Louvre）

巴黎卢浮宫各个时代都使用的外墙浮雕，是创意地使用了法国建筑风格，这一系列运用了白色的浮雕图案。

031

基于视觉效果思考餐桌搭配的基本知识

本章介绍西式餐桌搭配所需的餐具及基本用法，以便大家从视觉效果直观地比对差异。

"必备用品"一节介绍西餐瓷器、刀叉、玻璃杯、餐桌用布、餐桌装饰品的种类、用途和风格的差异。

"餐桌花"一节则介绍餐桌花的作用、尺寸、基本造型以及摆放技巧等。

"餐桌布置基础"一节通过图解阐释餐桌布置时需要了解的自用空间和公用空间，并介绍从半正式晚宴到休闲风格晚宴的布置示例。

餐桌搭配的美学设计

必备用品

学习重点
- 了解西餐的必备餐具和其他物品。
- 了解尺寸差异,以及古典、现代等风格差异。

西餐瓷器（餐盘、杯子和杯碟等）

西餐瓷器从盘子到杯子和杯碟,器型各异。主菜用餐盘,前菜和甜点用甜品盘,面包放在面包盘上,根据菜肴的不同,盘子也要有所区分。有些餐厅会用餐盘盛放精致的开胃小菜,或是给盘子留白来增强视觉效果。在此,我们将介绍为一般套餐搭配的基本款西餐瓷器。

西餐瓷器可分为两大类:自用餐具（用于个人进食或喝茶）和公用餐具（公共器皿以及分餐器具）。

餐盘、甜点盘、汤盘、杯子和杯碟称为"基础五件套"。西餐瓷器的量词为"一件（piece）",由于杯子和杯碟各计一件,所以我们称之为五件套。有了这五件套,我们就可以游刃有余地安排一日三餐,以及下午茶。

这里介绍的是法国利摩日瓷器雷诺品牌的"奥斯卡"（Oskar）系列。雷诺品牌自1843年拿破仑三世时期在利摩日诞生以来,一直生产高品质的瓷器,并被世界顶级餐厅、皇室和众多国家的使馆使用。在白瓷上闪耀着金边和黑边的奥斯卡系列,以其现代而优雅的设计特点,打造出富有表现力的餐桌。

自用餐具

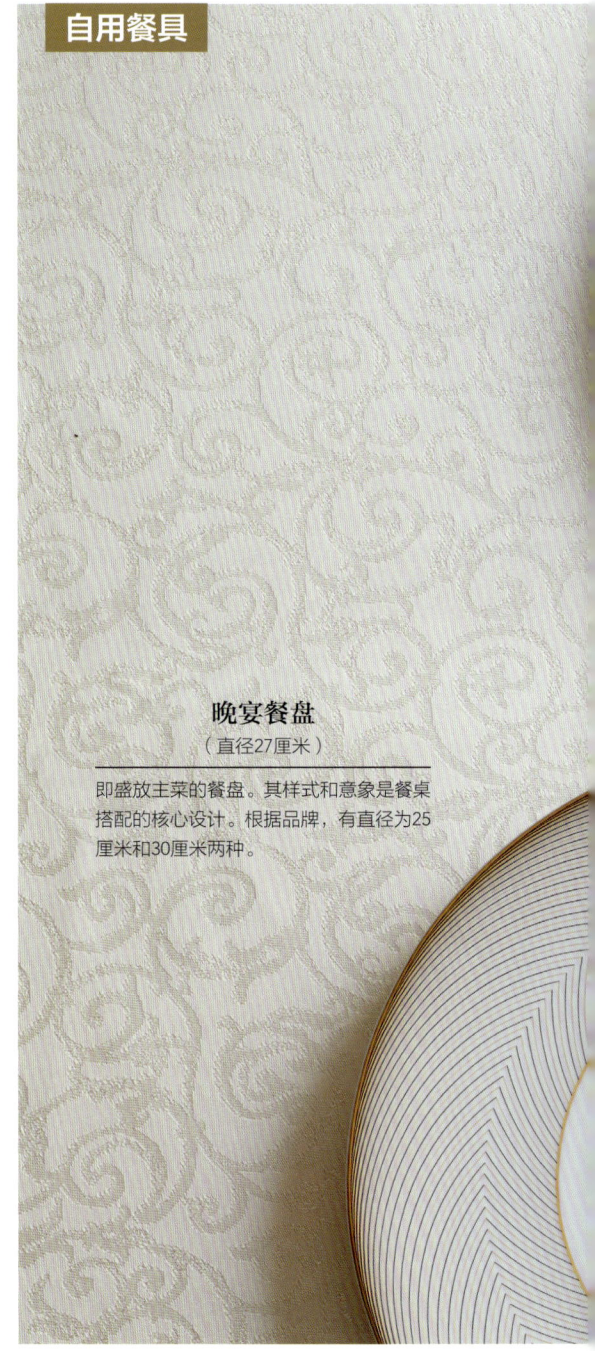

晚宴餐盘
（直径27厘米）

即盛放主菜的餐盘。其样式和意象是餐桌搭配的核心设计。根据品牌,有直径为25厘米和30厘米两种。

自助餐盘
（直径32厘米）

底盘（垫底的碟子）、位置盘，都是用于示意餐位。如果是在餐厅，客人入座后，便会被撤掉。若是在家里，可以直接将晚餐盘叠加到上面，直到主菜被享用完毕，或可用作盛菜的盘子。

品牌方：艾丘雷诺（Ercuis Raynaud）青山店

汤盘
（直径22厘米）

品牌不同，叫法也有不同，可以称汤盘，也可以称之为冷盘，除了盛汤之外，还可以盛放咖喱、炖肉、意大利面等。与晚宴餐盘叠加使用，则可以给人以热情好客的观感。

面包盘
（直径16厘米）

除了作为面包盘以外，它还可以用来盛放前菜的甜点或是作为分菜的食碟。如果与晚宴餐盘相同的系列搭配在一起，也可用于非常正式的宴席。

甜点盘
（直径22厘米）

可盛放前菜、沙拉、甜点以及米饭。它的大小也适合作为分菜的盘子。雷诺的奥斯卡系列甜品盘有灵活、丰富的使用方式。

茶杯和杯碟
（容量200毫升）

带耳小盏和托盘即茶杯和杯碟。多用于盛放红茶。为了便于人们享受红茶的香气和口感，这类茶杯通常是大口径。

浓缩咖啡杯和杯碟
（容量120毫升）

用于盛浓缩咖啡的杯子。由于意式浓缩太苦不宜多喝，所以杯子的容量一般在100毫升左右。除了浓缩咖啡，也可以在开餐时用来盛汤或开胃小菜。

公用餐具

椭圆盘
（长径42厘米，短径30厘米）
除了前菜和主菜，也可以放三明治或者其他食物。这是宴会中必备的器皿。

茶壶（容量1升）
奶盅（容量200毫升）
糖罐（容量200毫升）

茶壶是用来泡红茶的西式茶壶。茶壶、奶盅、糖罐、茶杯、杯碟和茶匙这六件配在一起则为一套茶具。饭后喝茶时，使用成套的茶具，会显得更雅致。一般会根据茶具的等级和餐桌搭配的主题选择对应的托盘进行服务。

茶具品牌方：昆庭　东京大仓酒店·舞动之环（Vertigo）系列

刀叉

这里的餐具指的是刀、叉和勺的统称。与西餐瓷器一样,从古典到现代,从正式到随性,根据餐桌搭配的主题和概念、风格和样式来进行选择。

刀叉种类繁多。与陶瓷一样,也有个人自用餐具和分餐器具。在这里,我们将介绍古典风格和现代风格的自用餐具。

刀叉的设计以欧洲艺术风格为主,可通过餐具的手柄部分识别。古典风格的显著特点是手柄处通常有特定时代标志的装饰,或末端稍显丰满。这是受到皇室贵族徽章纹样的影响。(刀叉的风格请参考第100~103页)

这里介绍的是法国银器品牌昆庭(Christofle)的"简一"(Albi)系列。阿勒比是法国西南部的一个小城,保留了中世纪的风情。据说它的设计灵感来自老城区的中世纪哥特式大教堂中勾勒的精致整洁的直线条。古典而又简洁的设计非常百搭。

套餐设想餐桌上包含汤、前菜、鱼类菜肴、肉类菜肴和甜点。餐盘使用的是新加坡品牌陆升(Luzerne)的"天后莲"(Diva Lotus)系列的位置盘和面包盘的搭配。

甜点通常会放在另一个房间,或是重新摆放。因此甜点搭配的刀叉并不会一开始就放在餐桌上。如果看到甜点刀叉摆放在后面,一般是在大型的婚庆或宴会上。

A:前菜甜品叉
B:鱼叉
C:餐叉(用于肉类菜肴)
D:黄油刀
E:主餐刀(用于肉类菜肴)
F:鱼刀
G:前菜甜品刀
H:汤匙

Classic
古典风格

E　　F　　G　　H

品牌方：昆庭 东京大仓酒店

现代风格的刀叉,具有手柄设计简单、造型时尚的特点。这里介绍的是昆庭的"心境"(Mood)系列。其特点是使用流畅的曲线勾勒出时尚感。假设我们来设计前菜、主菜、甜品三道菜的摆盘。白金色花纹的白瓷餐盘上叠放雷诺奥斯卡系列的甜品盘,再搭配一个面包盘。

涂抹黄油的刀分为两种,个人自用的是黄油抹刀,大家共用的是黄油分餐刀。但根据品牌的不同,黄油抹刀有时也被称为黄油刀。

Modern
现代风格

A:前菜甜品叉
B:主餐叉
C:黄油刀
D:主餐刀
E:前菜甜品刀

品牌方：艾丘雷诺青山店

玻璃杯

用来饮酒的玻璃杯是西式餐桌搭配中不可缺少的物品。主流的玻璃杯是用无色透明、有一定厚度的玻璃制成的。通常带杯脚，也就是高脚杯。在西餐桌上通常搭配平盘。这样高脚杯可以增加餐桌的层次感和立体感。

玻璃杯的大小和形状会根据饮品做调整。白葡萄酒通常适合冷饮，为了在酒温变化前饮用完，杯子容量设计得偏小。盛装陈年红葡萄酒和精品葡萄酒的高脚杯通常较大些。

与西餐瓷器和刀叉一样，也有自用餐具和分餐器具之分。在此，我们将通过古典风格和现代风格对自用餐具作说明。

如果用于餐桌搭配的盘子是偏古典风格，一般会选择带有切割纹的玻璃杯，或是以镶金边的玻璃杯来调节整体的视觉平衡。这里介绍的是法国玻璃器皿品牌"阿尔克水晶"（Cristal d'Arques）的玻璃杯。它的特点是具有奢华精致的切割纹。整套搭配如图所示。

Classic
古典风格

A：凉水杯
B：红酒杯
C：白葡萄酒杯
D：香槟杯

第 2 章　基于视觉效果思考餐桌搭配的基本知识

Modern 现代风格

如果选取的盘子是偏现代风格,玻璃杯的选择也要与之呼应。用简约大气的设计来装饰即可。这里介绍的是德国玻璃器皿厂牌肖特圣维莎(Schott Zwiesel)的"清雅"(Pure)系列,其特点是杯壁线条陡直。三种玻璃杯的搭配如图所示。

A:凉水杯
B:白葡萄酒杯
C:香槟杯

第 2 章　基于视觉效果思考餐桌搭配的基本知识

047

餐桌用布

Linen最初指亚麻布，餐桌上所有织物统称为餐桌用布。欧洲的餐桌用布历史悠久，根据文献记录，曾在8到10世纪被普遍使用，使用白色的餐桌用布被认为是富有的象征。除亚麻之外，还有棉、涤纶、混纺、蕾丝和人造丝等多种材质。我们将在这里讲一下餐桌用布的类型和使用方法。

台布

它占据了餐桌最主要的颜色区域，是影响餐桌印象的重要因素。一般选择比餐桌宽出40~60厘米的尺寸。最理想的状态是悬挂时下垂约30厘米。仅仅铺一张台布，便可增添热情好客的感觉以及整洁的印象。

桌旗

铺在餐桌中线的一条布，具有装饰和点缀的作用。其实也可以不用铺桌布，只铺上一条桌旗。市面上销售的规格多为35厘米，我们可以按餐桌的大小做一些调整。比如，若要彰显现代感，可以折叠两端来微调宽度。

衬布

铺在台布下的一层布。它可以降低刀叉的存在感，可以弱化餐具发出的杂音、人们说话的声音，或是收一下不小心溢出的液体等。通常选择比餐桌宽5厘米的衬布。虽然涤纶是理想的材料，但对一般家庭，可以使用棉质白色布料代替。

第 2 章　基于视觉效果思考餐桌搭配的基本知识

桥式桌旗

铺在餐桌上，尺寸一般为45厘米宽，120～150厘米长。除了横跨餐桌中线，也可以如图所示直接横挂在餐桌上。这样一来，每个人的空间一目了然，功能性强，非常方便。再如左图所示，也可以拼接两条桌旗，像一条桌旗一样使用。

桌旗品牌方：芬兰亚麻（Jokipiin Pellava）西海岸株式会社
（aulii・westcoast）

餐垫（午餐垫）

餐桌布的缩小版，通常按单人分餐的大小设计，45厘米长和35厘米宽。使用方便，有孩子的家庭也可以放心使用。

顶布

通常会在台布上面铺1米见方的顶布。台布上叠加不同颜色和图案的顶布,可营造出愉悦的氛围。用于休闲场合的,通常挂在对角线上,以便桌子的四个角露出来。

也可以做一些巧妙的转换。把顶布铺到一侧,露出边缘,摆放餐桌花或茶歇用具。可以起到分区效果。

第 2 章　基于视觉效果思考餐桌搭配的基本知识

餐巾

餐巾通常铺在膝上，防止衣服弄脏或用来擦拭手和嘴。大小根据场合有所不同，正式场合一般使用边宽60厘米的白麻材质，半正式场合则需要按情况而判断。晚餐的餐巾边宽50厘米，午餐的餐巾边宽45厘米，下午茶的餐巾通常要比正餐用的小一些，鸡尾酒场合的餐巾甚至更小。材料和尺寸与使用的场合对应。除了颜色，还可以通过不同的折叠方法来享受餐巾带来的观感。

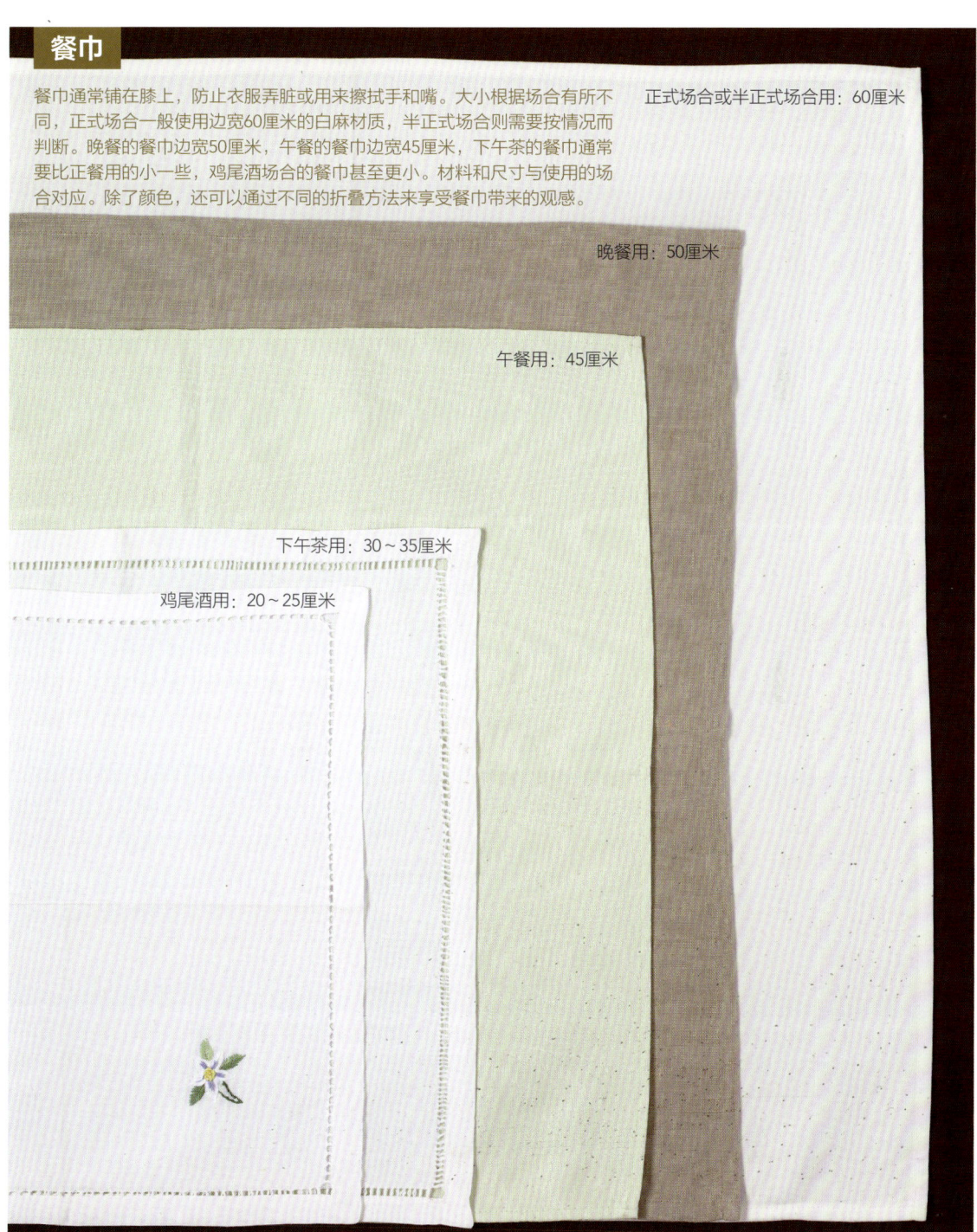

正式场合或半正式场合用：60厘米

晚餐用：50厘米

午餐用：45厘米

下午茶用：30～35厘米

鸡尾酒用：20～25厘米

餐桌装饰品

除餐具、刀叉、玻璃杯和餐桌用布以外所有可以放置在餐桌上的物品，我们统称为餐桌装饰品。有盐瓶、胡椒瓶、餐巾扣、筷枕、卡片座、玻璃杯标贴等，这些也被称为符号。它也许能成为引发对话的由头，也可以渲染有趣的餐桌氛围。中心装饰品也属于餐桌装饰品。

烛台

A

第 2 章 基于视觉效果思考餐桌搭配的基本知识

中心装饰品通常是放置在餐桌中央、体积较大的物品，比如桌花、烛台、大餐盘以及果盘。既可以给餐桌带来立体的观感，也有助于演绎四季感。通过使用符合概念和主题的餐桌装饰品，可以使餐桌搭配的叙事结构变得清晰。餐桌装饰品在餐桌搭配中发挥着重要作用。

蜡烛的火焰可以给餐桌带来平静与温暖。它不适用于午餐或下午茶等白天场合。在正式场合，蜡烛要成对使用。

A：古典银色五盏烛台，搭配隆重的餐桌。
B：现代风格的银色烛台。搭配设计感较强的昆庭的"舞动之环"（Vertigo）系列。

品牌方：昆庭　东京大仓酒店

盐瓶和胡椒瓶

在中世纪的西方,盐和香料被视为贵重物品放在一个上锁的船形装饰器皿中放到宾客面前,称作"盐船"(Nef)。高档盐这个词就是从这里来的。即使是现在,为了让每个人都能根据自己的喜好调整口味,作为惯例我们会在餐桌上准备盐和胡椒粉。一般会把它放在靠近主宾的位置。

A:古典风格的盐瓶和胡椒瓶。由古董银制成,刻有丝带和花环,设计雅致。
B:昆庭的"舞动之环"系列。银制,简约时尚的设计非常适合现代风。品牌方:昆庭 东京大仓酒店
C:休闲设计。左边是陶器,右边是锡器。

其他餐桌装饰品

有趣的餐桌装饰品能够成为人们交谈的由头。

A：餐巾扣。不适用于正式场合。它可以用作休闲餐桌上的摆盘配件。
B：鸟笼形香料架，配有迷你勺子。
C：套装水果叉。
D：蜡烛台。
E：卡片座，放置名片或菜单卡片。

餐桌搭配专栏1

银器茶具

银器也称为"中空器皿"（hollowware），小的物件包括盐瓶、胡椒瓶以及黄油盒，大的物件包括茶壶、果盘、酒柜和托盘。美丽光洁的银器也是一直为人向往的，它为餐桌增添了一分华丽。

银器分为两种类型：纯银和镀银（详见第126页）。银器上刻有纯度标记（hallmark），可由此判断银器的质量和生产年代。

乍看银器似乎既昂贵又难以打理，但它同时是可以世代相传的器物。因此，它其实是经久耐用的。与其收藏，不如通过日常使用来保持它的美丽和光泽。

每个陶瓷系列都有茶具（茶壶、奶盅、糖罐），但很难配套。在此，我们推荐银器茶具。首先要考虑手中的茶杯和茶碟是古典风还是现代风，来选择与之相配的银色茶具。左下方是来自19世纪英国维多利亚风格的茶具。它具有装饰性，融合了从哥特式到新古典主义的主流风格。壶盖旋钮和把手的曲线、雕花等细节都十分精致，给人一种端庄的印象。那么，搭配的茶杯和茶碟，选择优雅风格比现代风格更妥帖。这里我们搭配

来自19世纪英国维多利亚风格的茶具。
适合搭配经典优雅系列的茶杯和茶碟。

了匈牙利的名瓷赫伦（Herend）品牌的"阿波尼绿色"（Apony Green）系列。

右下方是来自英国老牌银器Mappin & Webb（M&W）的装饰艺术风格（Art Déco）茶具。M&W于1897年成为维多利亚女王的御用银器品牌，此后也一直深受历代皇室的喜爱。装饰艺术风格的设计简约明快，与现代风格的器皿百搭。这里，我们用法国银器品牌昆庭的"舞动之环"系列托盘，搭配"雷诺奥斯卡"系列的茶杯和茶碟。

> **银器的保养**
>
> 银器用完之后，可以放入稀释过中性洗涤剂的温水中，用海绵清洗，冲洗干净后，迅速用柔软的毛巾擦去水分，充分晾干。尽可能避免剩茶浸渍数小时、长时间浸泡、使用漂白剂或尼龙刷。银制品长时间暴露在空气中会变黑。这并不是生锈，而是硫化作用导致。如果变色很明显，可使用银清洁剂。为防止变色，可以将银器用布包起来，存放在带拉链的塑料袋中保管。

来自英国银器品牌M&W的装饰艺术风格茶具。适合搭配现代风格茶杯。
品牌方：昆庭　东京大仓酒店提供茶盘，艾丘雷诺青山店提供茶杯和茶碟。

餐桌花

学习重点
- 了解半球形和水平形餐桌花的基本造型及其呈现的效果。
- 了解少量花材通过造型带来的效果。

餐桌花的作用和规格

毫不夸张地说,餐桌花是最有效的中心装饰品。除了营造季节感之外,还可以通过多种方式表达餐桌的主题和概念,例如可以将餐桌上的物件与鲜花的颜色相结合,或者根据鲜花的颜色搭配餐桌上的物件。为了不影响正常用餐,餐桌花的大小应该控制在餐桌面积的九分之一以内。这是根据桌子的长宽各三分之一的比例来计算的。

餐桌花的基本造型之一:半球形

适合半球形餐桌花的花材主要有两种:一种是团状花材,另一种是点状花材。这里要尽量避开独枝长茎的花材。

半球形餐桌花的造型应用广泛。把花朵团成半球形,从任何角度看都很漂亮。把花束团簇得略高一些看起来很可爱,矮一些的花簇,则会显得更优雅。

餐桌花的底座一般使用带脚的托盘,圆形敞口的比较容易插花。如果没有合适的底座,可以通过在盘子上放置泡沫花泥来设计餐桌花,也可以插在烛台或是糖罐中。

第 2 章　基于视觉效果思考餐桌搭配的基本知识

右图左侧的餐桌花托有一定高度，放到餐桌上会显得更立体。右图右侧中间是一个玻璃糖罐，取下盖子便可作为餐桌花托。左边是烛台，如果放上泡沫花泥，也可以作为餐桌花架使用。右边是一个金属花架。可见架子材料有多种。

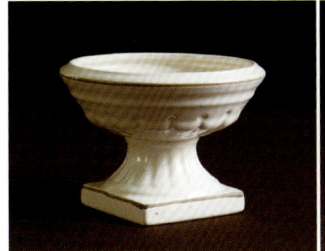

花材

玫瑰（粉雪山、粉佳人、薄荷茶）、洋桔梗、白色蓝星花、金丝桃、利休草*、树莓等

*译者注：即百部草，在中国多用作草药，传入日本，多用于装饰，习惯称为"利休草"。

餐桌花的基本造型之二：水平形

水平形餐桌花由团状花材和线状花材共同组成。适合选择洋桔梗或利休草这类枝条柔软的花材。

这类设计呈现出一条柔和延展的水平线，俯看像钻石（菱形），侧看类似三角形。和半球形一样，都是四面设计。相比之下，水平形更柔和优雅，多适用于正式和半正式的场合。餐桌花架可以与半球形餐桌花一样使用托盘，选择椭圆形或横向伸展的架子，插花会更容易。筒形和方形等直线形花架不太适用于这类餐桌花。

餐桌花架可以用果盘类替代，椭圆敞口的比较合适。右图为上述搭配所用的餐桌花架。

第 2 章　基于视觉效果思考餐桌搭配的基本知识

花材
玫瑰（粉雪山、粉佳人、薄荷茶）、洋桔梗、白色蓝星花、金丝桃、利休草、树莓等

在正式和半正式的场合中，也会把蜡烛成对摆放在中心装饰品两边。

餐桌花的摆放技巧之一：
重复

这是一种重复摆放相同高度和大小物品的摆设方法。即使用少量的花，也可以通过重复给人一种时尚的印象。独枝长茎的花材，或是花瓣大而有形的花材能够产生更佳的效果。建议稍微呈现出高度变化。也可以摆设半球形设计的花，这样也会产生视觉冲击力。

花材
蕉芋、红掌、石竹（绿毛球）

第 2 章　基于视觉效果思考餐桌搭配的基本知识

餐桌花的摆放技巧之二：
侧置

　　有一些餐桌搭配的主题，中心装饰品不一定是餐桌花，可以是拼盘、盛汤的盖碗或是艺术架。这种情况下，餐桌花通常会放置在一边。此外，使用枝干等稍微细长的花束时，放在中间会挡住视线，那么我们会放在餐桌一侧。如图所示，我们用错落有致的花器来调整视觉效果。

花材
龙柳、蕉芋、红掌

餐桌搭配的美学设计

餐桌布置基础

学习重点
- 了解餐桌布置的原则和功能。
- 学习不同场合餐桌布置的基本方法。

自用空间和公用空间

餐桌布置是指按规定摆放就餐所需的器皿、刀叉和玻璃杯。西式餐桌布置大致可分为正式、半正式、非正式晚宴以及休闲会餐四大类。摆设要遵循既美观，又体现功能性的原则。在此，我们将介绍构成餐桌区域的自用空间和共用空间。

自用空间是每位客人就餐所需的独立区域，一般长45厘米（接近肩宽），宽35厘米。此外，两位就餐者之间需保持15厘米的距离。35厘米的宽度是为了让用餐者可以从容地够到餐桌上的任何物品，同时确保面前可以容纳直径为27厘米的餐盘。将面包盘放在左侧，确保45厘米的宽度，整个餐桌布置会呈现和谐的感觉。一张正式的餐桌，包含摆放刀叉在内的全套餐具，自用空间也要控制在60厘米以内。切记空间边缘要与餐桌的边缘间隔15厘米。

自用空间以外称为公用空间。理想的宽度是在摆放中心装饰品的公共桌面上还可以放置一个长边约为30厘米的大平盘。在确保自用空间后，我们将推算公用空间大小，从而计算要在中央区域摆放的插花规格。餐桌花的大小不超过桌面面积的九分之一。西式餐桌布置的基本原则是以中心装饰品为轴点对称组合布置。

组成餐桌的区域

例如：4人用餐，餐桌大小150厘米×90厘米

90厘米

确保桌角留出至少15厘米的空隙

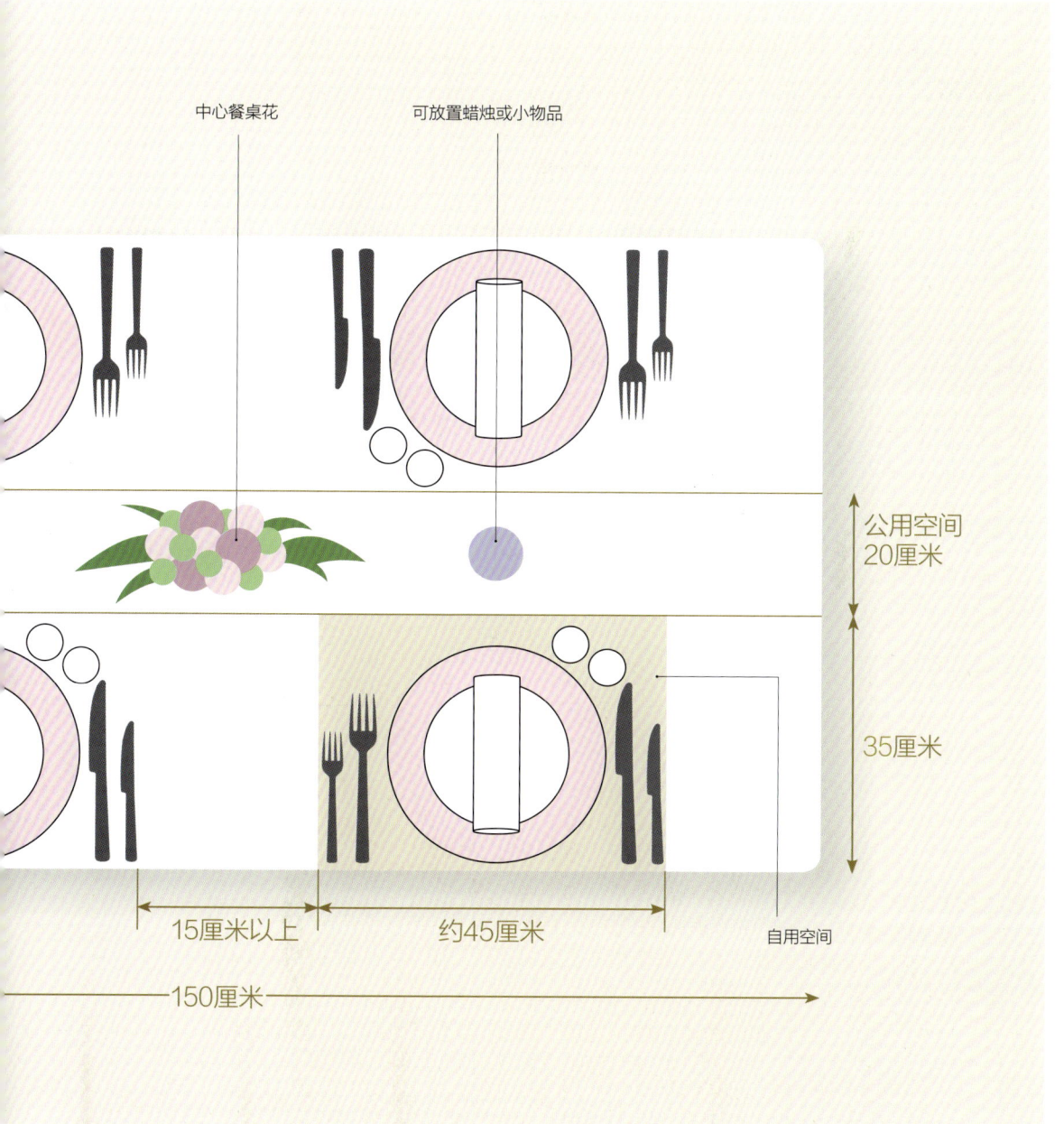

半正式的晚宴布置

半正式场合和招待晚宴均可采用半正式的布置方式。台布可选用白色或浅色调，搭配同色餐巾。晚餐餐盘和面包盘也应搭配同一系列。无论是正式还是半正式场合，我们都建议搭配同系列的成套餐具。

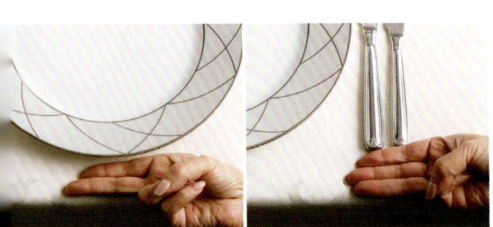

我们可以用手指的宽度来确认盘子或刀叉的位置。食指和中指并拢（左图）的宽度为3厘米（两指宽），三指并拢（右图）的宽度为4厘米（三指宽）。

布置方法

1 将餐盘放在距离餐桌边缘3厘米处（两指宽，见左图）。面包盘通常放在左边，若空间不够，如上图所示将它放置左上角，然后将黄油抹刀横放在盘子上。
2 刀叉要基于上菜的数量准备，放在餐盘两侧。从距离餐桌边缘4厘米（三指宽，见左图）的地方，按使用顺序从外至内逐一摆放。刀在右边，叉子在左边。图中是按照三道菜准备的，一对是前菜用的甜点刀和甜点叉，另一对是主菜用的刀叉。
3 玻璃杯从餐刀的尖端开始放置，依次摆放香槟杯、红酒杯。
4 餐巾简单地卷放在左侧。

简约风格的餐桌布置

简约风格的餐桌布置适合家庭使用。把甜品盘叠放在主菜盘上,用它来盛前菜,撤下前菜便可从大盘舀取主菜盛到餐盘中。这样一来,女主人仅需离开座位一次。简约风格的餐桌布置中,餐具不必要统一为一个系列。

在只有位置盘和面包盘的情况下,一般不会把食物直接放在位置盘上,因此我们可以将餐巾放在位置盘上。

布置方法

1 将餐盘放在桌子上,然后将前菜甜品盘叠放在上面,搭两层盘。
2 刀叉需要放置在一个刀叉枕上,同时准备餐刀和餐叉。这是在提示"请用这套刀叉享用前菜和主菜"。
3 依次放置香槟杯和酒杯。
4 玻璃杯和刀叉都放置在右侧,则将餐巾放到左侧。简约风格和休闲风格的餐桌上,可以使用餐桌环,但不适用于正式及半正式场合。

休闲风格的餐桌布置

这里的餐桌布置设定在午餐情景。在休闲场合,盘子不需要同一系列。略微调整刀叉摆放的位置,再加上灵动的餐巾造型,便可以营造出轻松有趣的氛围。在黑色瓷盘上叠放一个有图案的玻璃盘,同时搭配蓝色的餐巾。

示例1

餐桌给人的印象会根据餐巾的设计而发生变化。对于休闲风格的餐桌,在餐巾的造型上体现动态感便会增添视觉乐趣(详见第108~111页)。

布置方法

1 餐盘放在餐桌上,将玻璃盘叠放其上。
2 将刀叉放在玻璃盘上。
3 将红酒杯放在右上方。
4 将餐巾折叠出灵动的造型放在玻璃盘的左侧。

第 2 章　基于视觉效果思考餐桌搭配的基本知识

这里的餐桌布置是为了服务于和食与西餐结合的菜肴。假设要上几种前菜，可以在黑色的瓷盘上方放一套别致的小盅、小酒杯和小勺。筷子和刀叉可以同时放在放置刀叉用的刀叉枕上。搭配斜线折叠的餐巾可以体现出干练的现代风格。

示例2

在休闲餐桌上，不同形状和材质的器皿可以自由组合，增添乐趣，给人一种轻松有趣的印象（详见第94~99页，第122~133页）。

布置方法

1 把餐盘放在餐桌上，炖盅、小酒杯放在里侧，勺子放在面前。
2 刀叉枕放在右侧，其上由外至内依次放置筷子、餐刀和餐叉。
3 从餐刀的尖端，由外至内依次摆放香槟杯和红酒杯。
4 将折叠出斜线的餐巾放在左侧，与右侧的餐具保持平衡。

餐桌搭配专栏2

西式和日式相结合的现代餐桌布置

现代日式餐桌不同于传统或纯粹的和食餐桌，是适合现代生活方式的搭配和布置。在日式的基础上融入西方元素，或是将日式品味和素材融进西式的餐桌布置中，可以创造出融合传统和现代、日式和西式的和谐餐桌。

左下方是西式餐桌布置。法国品牌Jean-Louis Coquet（J.L Coquet）的"半球"（Hemisphere）系列金属粉色位置盘上叠放Jaune de Chrome品牌的"阿奎尔"（Aguirre）系列甜点盘。刀叉准备双份。为了配合优雅的盘子，我们将餐巾折叠出"节庆"风格，充分利用曲线营造出优雅华丽的氛围。

西式摆设：以精致餐盘为中心，充分展现曲线，营造出优雅华丽的气氛。
品牌方：纯子工作室"（Atelier Junko）

* 译者注：纯子工作室（Atelier Junko）是餐桌搭配师赤松纯子创办于2000年的企业品牌，从事欧洲餐具进口商贸，在日本的多家百货公司有分店。

右下方使用了相同的台布、甜点盘和刀叉，展现出现代日式风格。通过使用黑色的方盘（折敷oshiki）明确个人用餐区域。点心盘上放着一个泥金彩漆勾画的轮岛涂*小碟子。考虑到金属刀叉容易划伤漆器，因此在筷枕上添加一双筷子。餐巾选择和泥金彩漆相呼应的朱红色，并将其折叠成与方盘呼应的小方块。餐桌花的盛器也从玻璃瓶换成了黑色的方块形瓷瓶。意在强调直线，令整体画面张弛有度。

* 译者注：轮岛涂起源于江户时代宽文年间，特指能登半岛的石川县轮岛市最早生产的漆器，于1977年被确定为日本重要非物质文化遗产。

将左页的餐桌布置改为和式现代风格。加入直线构图和黑色元素，令餐桌更有节奏感。

第 3 章

基于色、形、质的餐桌搭配技巧

　　色、形、质被称为设计三要素，也是在餐桌搭配中能够让饭菜变得美味、有趣和放松的必备要素。本章我们将通过具体例子，分别从"色彩""形状"和"材质"来阐释如何提升餐桌搭配的视觉效果。

　　"色彩"部分将介绍配色方案和基本技巧。"形状"和"材质"部分将对餐盘、刀叉和玻璃杯等物品的形状和材质类型进行说明。本章的最后，我们将以6人餐桌搭配为例，比照餐盘、餐巾及餐桌花更换时产生的印象和效果。

色彩搭配

学习重点
- 通过调节色彩显著地改变餐桌的印象。
- 客观地观察色彩，掌握基本配色技巧。

色彩体系

色彩体系是科学识别和匹配颜色的基本方法。颜色通常分为两类："有彩色系"（可直观感受到的颜色）和"无彩色系"（感觉不到色彩的颜色，即白、黑和灰）。此外，色彩由"色相""明度"和"饱和度"组成，称为色彩的"三要素"。色相是色彩呈现的基本特征，例如红色、黄色和蓝色。明度是指颜色的明暗程度，饱和度是指颜色的鲜艳程度。"色调（tone）"是明度和饱和度的结合。无彩色只有明度。这个色彩体系是基于美国画家、美术教育家阿尔伯特·蒙塞尔（Albert Henry Munsell，1858—1918）为合理表达和命名颜色的研究。它对餐桌的色彩搭配也有很大影响，我们有必要灵活地运用它。

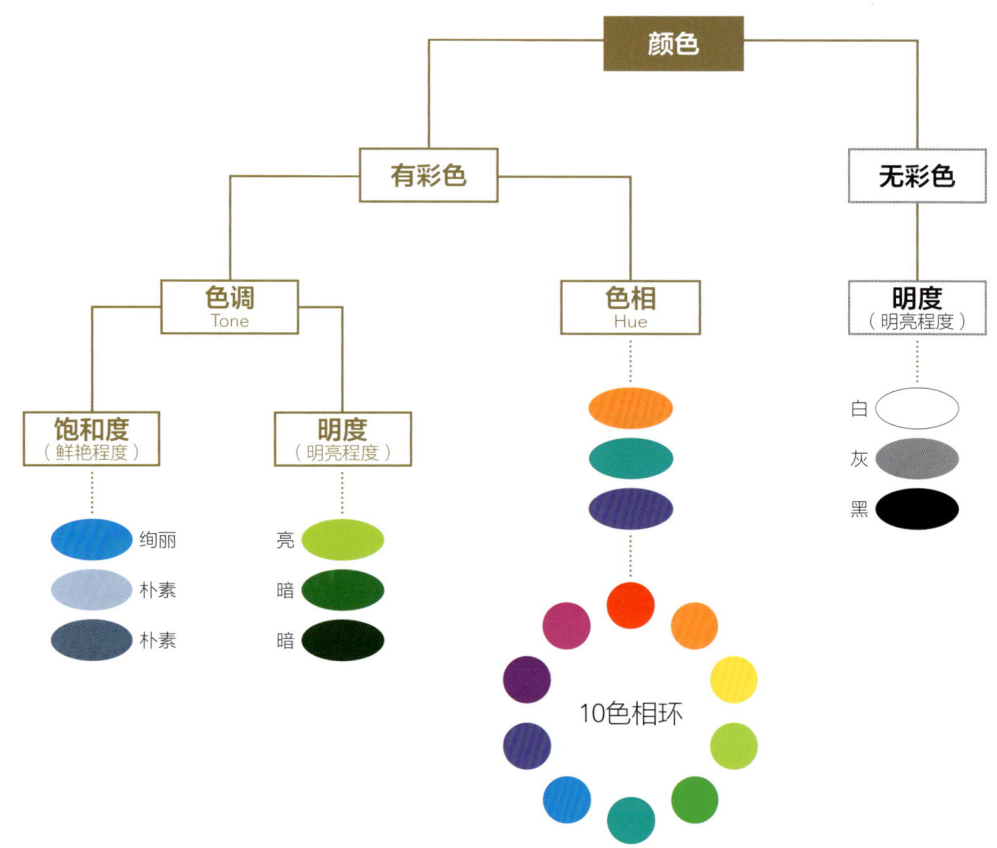

关于色相

色相是指色彩呈现的基本特征，如红、黄、蓝。随着光的波长不同，颜色可以连续地发生红、橙、黄、绿、蓝、靛、紫等变化并被感知。将颜色连续排列成环形，即"色相环"。色相可分为暖色系、冷色系和中性色系。暖色系有紫红色、红色、橙色和黄色，能给人温暖的感觉。冷色系有绿色、蓝绿色、蓝色和蓝紫色，会给人以冷静的印象。中性色系有黄绿色和紫色，既不属于暖色系，也不属于冷色系。人们会本能地使用不同的颜色，比如夏天用冷色系给人一种清凉感，冬天用暖色系则带给人暖意。在餐桌搭配中，可以根据需要选择不同的颜色来达到视觉效果。

关于色调

色调是色彩明度和饱和度的结合。图中的纵轴为亮度（越往上越亮），横轴为饱和度（越往右越鲜艳），总共有12个色调。12个色调再分为四类："绚丽""明亮""朴素"和"暗淡"。图中最右侧的"活泼"是色相中最鲜艳的颜色。再加一点灰色，就变成"浓烈"，两种色调都属于"绚丽"。在活泼的色调中添加白色会赋予它们"亮色调""淡色调"和"极淡色调"，这三种色调属于"明亮色调"。如果将灰色与活泼的色调混合，按顺序会出现"强色调""浅色调""浅灰色调""浊色调"和"灰色调"，这四种属于"朴素色调"。加了黑色就变成了"深色调""暗色调""深灰色调"，这三者则归为"暗淡色调"。

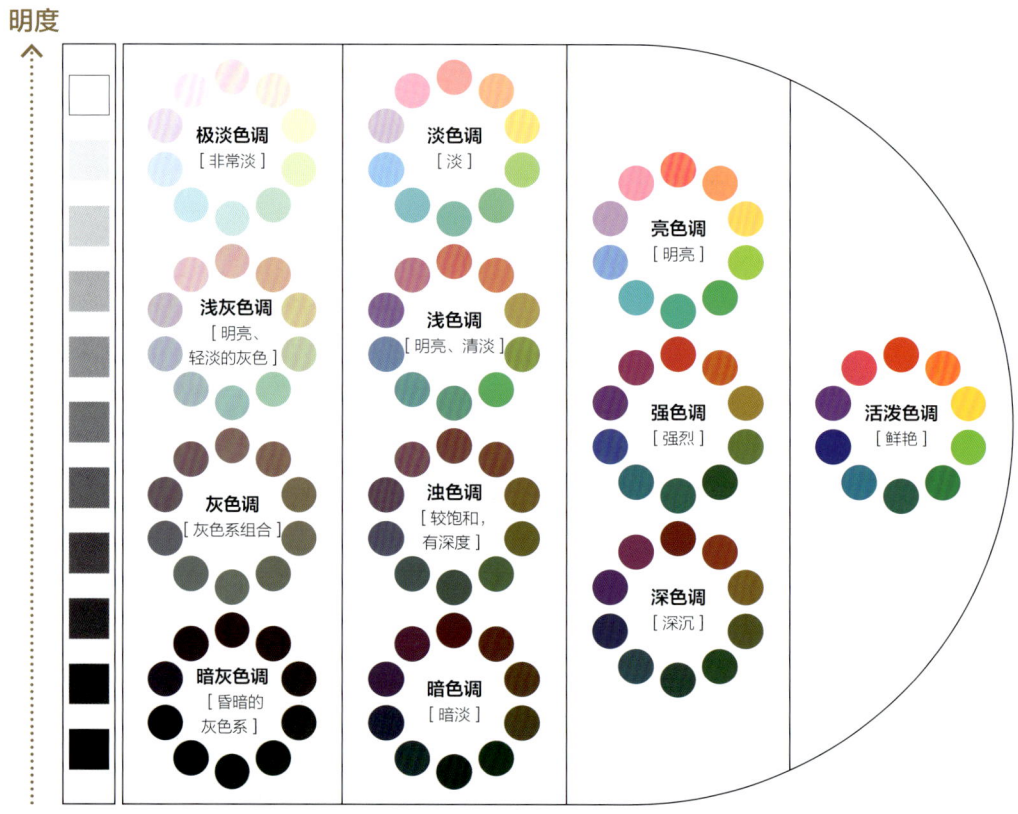

配色技巧

配色技巧就是组合不同颜色的技法。上述色彩体系的知识对于餐桌搭配也是必不可少的。色相组合的类型包括"同类色相""近似色相"和"对比色相"。此外,还有"渐变色"和"分离色"两种排列颜色的技法。接下来,我们将举例说明。

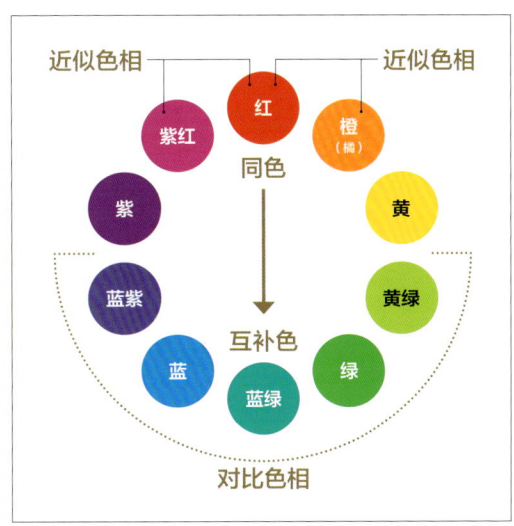

若以红色为基础色,橙色和紫红色是它的近似色相。位于反方向的蓝绿色则是红色的互补色,包括互补色在内的蓝紫色到黄绿色都属于它的对比色相。

1.同类色相

在色相环上属于相同色相的组合。如果色调也相同,则视为同一颜色,则可以调整色调来进行区分。同类色相给人和谐统一的印象。

配色示例

2.近似色相

它是色相环上两个邻近色相的组合。比起同类色相,它能体现出微妙的差别。这类色相也会给人一种连贯和谐的印象。

配色示例

3.对比色相

色相环中指定色相与它正对面包含互补色在内的五种色相的搭配。由此产生视觉冲击力,给人一种独特的印象。

配色示例

※在色调方面也有类似的概念,如"同类色调""近似色调"和"对比色调"的配色。

4.渐变色

顺着色相环从明到暗,按照一定顺序逐渐改变颜色的配色方案。它会给人一种平和而细腻的印象。

配色示例

5.分离色

按照亮–暗–亮、暗–亮–暗的顺序跳跃变化亮度,或是交替排列具有冷–暖–冷色调的反差色来进行配色。通过插入黑色或白色,它能给人一种锐利、张弛有度的印象。

配色示例

配色技巧1

同类色相 ~色相环上同类色相的颜色组合~

同类色相

> **!要点**
> 和谐有序的搭配，
> 通常不会出错。

　　图中的范例使用了白色餐盘，并以粉红色呈现整个餐桌。台布的粉红色属于色相环中的"紫红色"组，色调是欢快的"明亮色调"。位置盘的深粉色是"绚丽色调"，餐巾是低饱和度的粉色，蜡烛是深粉色，餐桌花以紫红色搭配紫色，总体上属于粉色系。这个搭配整体呈现出浓淡相宜的粉色，换句话说，图中的餐桌是通过紫红色组的色调变化来搭配的。

第 3 章　基于色、形、质的餐桌搭配技巧

> 近似色相

配色技巧2

近似色相
~色相环上两个邻近的色相组合~

!要点
与同类色相相比表现出了微妙的差别，
增添了优雅和精致。

　　如图，同样是白色餐盘和粉色台布，只是把蜡烛与餐巾的颜色变成了色相环上紫红色旁边的紫色。蜡烛选择了紫色的"浅色调"，餐巾是淡紫色的"淡色调"，在紫色组中调整了色调。位置盘选择了最接近紫色组的"浅灰色调"——无彩色系的灰色，营造出沉稳的氛围。在粉色系中加入深浅不同的灰紫色，这种餐桌搭配给人一种优雅和柔和的感觉。

配色技巧3

对比色相 ~色相环中指定色相与它正对面包含互补色在内的五种色相的搭配~

> **!要点**
> 不同色相的搭配体现出动感，
> 带来视觉上的冲击感。

对比色相
范例一

用色相环中的"蓝紫色"作为台布的颜色，并结合了位于正对面的互补色"黄色"和互补色相的"红色"。餐盘是深蓝色的，与台布的蓝紫色色相相同，但通过放置对比色相的红色餐垫，彼此的颜色便可脱颖而出。此外，选择了互补色的黄色玻璃盘、接近深蓝色的黑色餐巾，运用对比色相使所有物品一目了然。三个黑色的花瓶排列在中央，红掌的红色和蕉芋的橙色能够产生视觉冲击感。

第 3 章 基于色、形、质的餐桌搭配技巧

对比色相
范例二

> **!要点**
> 通过增加中性色的绿色,给人印象会比左页图更柔和,但也可以产生"出挑"的效果和视觉冲击力。

将左页图中的餐垫更换成在色相环中与台布的色相相反的"草绿色"。餐桌花的红掌、橙色的蕉芋以及绿叶的颜色也都属于蓝紫色的对比色相,至此每种颜色都得到了"强调"。草绿色是不冷不热的中性色,餐盘选择与餐巾和花瓶一致的无彩色——黑色。通过减少餐桌上的颜色数量,可以使整体观感比左页图更沉稳冷静。

配色技巧4

渐变色 ~顺着色相环从明到暗，按照一定顺序逐渐改变颜色的配色方案~

要点

温柔细腻的印象很容易表现出来，可以演绎出优雅而又精致的餐桌。

图中的范例通过调节无彩色的灰色浓度来做渐变搭配。由于灰色没有色调，容易显得单调，所以我们用带有纹饰的桌旗来增加一些动感。在银色光泽的位置盘上，放置宽边、带有银色光泽的甜点盘与之呼应。餐巾选择浅灰色，营造出一整套灰色富有动感的餐桌。作为中心装饰品的花器选用银灰色的陶器，插花采用了浅粉色到紫色的柔和色调。

第 3 章 基于色、形、质的餐桌搭配技巧

桌旗品牌方：芬兰亚麻（Jokipiin Pellava）西海岸株式会社（aulii·westcoast）

配色技巧5

分离色 ～跳跃式改变亮度和颜色的配色方案～

> **!要点**
> 张弛有度，
> 要表现干练的现代感。

按照亮-暗-亮、暗-亮-暗的顺序跳跃地变化亮度，或是交替排列具有冷-暖-冷的反差色进行配色，必要时也会加入黑色或白色。如图，我们在亮度较低的深蓝色台布上搭配了一条亮度高的白色桌旗。餐桌的颜色对比鲜明，给人非常干练的印象。餐巾的颜色选择了与台布一样的深蓝色，但调整了色调。整体上用深蓝色和白色的对比，给人简洁明快的印象。

第 3 章　基于色、形、质的餐桌搭配技巧

点睛之笔

　　同样是在深蓝色的台布上搭配一条白色桌旗，与左页图相比会显得俗气。原因在于白色部分的大小。桌旗加宽导致白色面积扩大。通常情况下，作为基础色的蓝色与白色的最佳比例保持在9∶1或8∶2。在这个餐桌搭配中，白色和红色是强调色，但是当使用明度或饱和度很高的颜色（如白色或红色）时，要尽量缩小强调色的面积来起到画龙点睛的作用。

台布颜色和图案的效果

　　台布占据的面积最大,毫不夸张地说,餐桌搭配的印象会随着台布的样式而变化。

　　左侧的示例中使用了素色台布。米色亚麻布和绿色餐巾的组合属于近似色相方案。餐桌花也使用了很多绿色,给人的整体印象是柔和而优雅的。如果想要凸显一些张力,可以搭配作为绿色的对比色相的素色台布。右侧的示例

素色的场景

> !要点
> 绿色的餐巾及插花的线条比较明显,
> 整体比较优雅,不会出错。

第 3 章 基于色、形、质的餐桌搭配技巧

在保留了餐具和餐桌花的同时,将台布换成有图案的布料。如果餐盘是素色或特征不明显,选择带颜色或图案的台布会增添色彩,餐桌会变得更加华丽和有趣。一般来说,图案大的可以增强视觉冲击力,小图案则可以表现"浪漫"或"自然"等温和形象。

带图案的场景

!要点
华丽又不失趣味。当台布的图案与插花或与餐巾的颜色呼应,整体会比较和谐。

色彩的心理效应

即使是相同的餐桌布置，颜色不同，整体观感也会发生很大变化。人眼可见的光的波长为，从红色的780纳米到紫色的380纳米。进入视觉的有色光对人的生理和心理有着深层的影响，关于色彩与心理关系的研究也在不断发展。通过利用饮食空间中的色彩心理，可以根据用餐意图策略性地搭配颜色。在此，我们将举例说明红色、蓝色、绿色和紫色的心理效应。

红色

红色是表达强烈的生命力、能量、热情、喜悦等的颜色，具有促进肾上腺素分泌和神经兴奋的作用。它是可以刺激食欲并使食物看上去更美味的颜色。

蓝色

蓝色具有缓解压力和放松神经的作用，是可以舒缓精神状态的颜色。它是一种会降低食欲的颜色，因此在减脂时可以多使用蓝色的台布和餐盘。

第 3 章 基于色、形、质的餐桌搭配技巧

> **!要点**
> 人的心理会因色彩而变化。根据意图选择颜色能够搭配出更好的效果。

绿色

绿色象征安全、和平、稳定与平静,同时还具有镇定安神的作用,是可以缓解视觉疲劳和压力的颜色。

紫色

紫色曾经一直是贵族专属的颜色,是地位和高贵的象征色。紫色也被称为治愈色,是能够安抚心灵创伤的颜色。它与日式和现代日本风格也很搭配。

多色相混搭

> 示例1

　　使用多种色相进行混搭的餐桌搭配。图中包含了色相环中的红、橙（橘）、黄、草绿和绿五种色相。一张黄色与绿色图案相间的台布上，放上珊瑚橙色的位置盘、素白的餐盘和白底配黄绿色印花的甜点盘，餐巾和刀叉是红橙搭配的。插花选了一株淡橘色的非洲菊。对于休闲的餐桌搭配，不需要规规矩矩，可以变换刀叉的间距，或是改变餐巾或刀叉的颜色来增添视觉上的乐趣。

> **要点**
> 有趣、时尚且充满活力的形象，适合休闲场景。

第 3 章 基于色、形、质的餐桌搭配技巧

配上色彩丰富的蔬菜,打造一张欢快的午餐桌。虽然使用了较多的色相,但包括蔬菜在内,共用了五种颜色,并在其中取得平衡,所以不会给人凌乱的印象。

餐桌变奏!
增添颜色以强调餐盘的存在感。

例如,将位置盘更换为草绿色,并换成边缘带有橙色线圈的餐盘。通过给餐盘添加颜色,比上图的搭配更衬托餐盘的存在感。

示例2

将台布换成白色并斜铺了一条红色桥式桌旗。使用的颜色依然是红、橙、黄、草绿和绿,但白色和红色的对比给人更现代、更精致的感觉。

> **要点**
> 桥式桌旗有突出时尚感的效果。

由于基底色变成了白色,颜色数量大大减少,其他颜色得到了凸显,整体显得干净整洁。

第 3 章 基于色、形、质的餐桌搭配技巧

桌旗品牌方：芬兰亚麻（Jokipiin Pellava）
西海岸株式会社（aulii·westcoast）

餐桌搭配的美学设计

形状搭配

学习重点
- 了解餐盘、刀叉、玻璃杯、餐巾和餐桌花的形状（设计）差异。
- 学习根据主题、风格、场合来合理搭配的技巧。

餐盘的形状

在西式餐桌中，餐盘基本上为圆形，称为"圆盘"。餐盘除了正方形、长方形、椭圆形、三角形和花形，还有各种叶子一样的形状。通过改变盘子的形状，可以丰富主题或使其更接近想要表达的意象，也能为餐桌增添乐趣。

派对用餐盘

盘子中心和周围有凹印。这种设计适合搭配酱汁或是放置小勺，也适用于自助餐派对上摆放小点心。把它放在餐桌的中央，也可以作为中心装饰品。

三角形餐盘

适用于休闲场合。简洁利落的线条使餐桌搭配显得棱角分明。

花形餐盘

代表"浪漫"和"好看"等餐桌意象。叠放在亮丽的红色或绿色的"活泼"色调位置垫上，能够衬托花形，更显可爱。

第 3 章 基于色、形、质的餐桌搭配技巧

!要点
基本使用圆盘。通过改变盘子的形状，可以丰富主题及趣味性。

环状餐盘

带有环形压痕的玻璃盘。凹痕的设计符合酱汁的流动性，可以用来放开胃菜或甜点，创造出各种动态的效果。

叶子形餐盘

银杏叶形状的玻璃盘。它的适用性较强，可以用于西餐，也可用于日料和中餐。选择黄色或红色的盘子，还能够演绎出红叶时节或深秋季节。注意盛放菜肴要有足够的留白来体现盘子的特征。

椭圆餐盘

通常用作公共器皿，也可用于提供开胃菜或三明治的派对场合，还可以用它作茶具的托盘。

餐盘品牌方：宫崎食器株式会社（M. Style）

不同形状的餐盘叠放

在休闲风格的双盘布置中,我们可以在餐盘上叠放甜点盘,借助甜点盘的设计很容易改变餐桌印象。这里,我们将不同形状的甜点盘放在同一个餐盘上,可以清楚地感受到每一种餐桌的视觉效果。

!要点
通过叠放的餐盘设计来巧妙地变化餐桌。

圆形×圆形

具有稳定感的标准餐桌布置。

圆形×方形

与上图相比,略有变化和动感,增添了愉悦感。

第 3 章 基于色、形、质的餐桌搭配技巧

圆形×花形

花形盘子的叠加,营造出一个可爱的餐桌印象。

圆形×异形
（玻璃）

叠加叶子形态的玻璃盘,可以增加客人对特别菜肴的期待。

形状变换多样的搭配示例

这里使用了第94～95页介绍的餐盘。将黑色圆盘叠放在方形皮革纹的位置盘上，再叠加金色叶子餐盘。将派对用餐盘略微垫高，放在餐桌中央。设想在正餐开始前提供开胃小菜。为了凸显餐桌花，我们选择了白色的大小两个花瓶，插放龙柳、蕉芋和红掌。单单是变换餐盘的形状，就可以营造愉悦的用餐氛围。

> **!要点**
> 通过多样化的餐盘形状增添趣味性。

叶子餐盘叠放在黑色圆盘上，颜色与形状都非常醒目。

第 3 章　基于色、形、质的餐桌搭配技巧

餐盘品牌方：宫崎食器株式会社（M. Style）

刀叉的形态和款式

> **!要点**
> 了解刀叉的款式和设计有助于选择与之相配的餐盘。

看似简单的刀叉,款式也是多种多样。在这里,我们将通过法国银器品牌昆庭的刀叉系列来探讨款式和设计之间的密切关系。从第101页开始,款式在逐渐趋新,手柄部分的设计也在发生变化。了解刀叉的款式特点可以缩小搭配餐盘的范围,从而提升刀叉与餐盘的和谐度。

刀叉品牌方:昆庭 东京大仓酒店

洛可可帝国风格

伊甸花园(Jardin d' Eden)

灵感来自"伊甸园"。浪漫的花朵嵌在格纹图案里,只要摆上这套刀叉,餐桌就会变得华丽起来。它的特点是,刀刃和叉子的背面(如右图)等细节处也刻有纹路装饰。

第 3 章 基于色、形、质的餐桌搭配技巧

新古典主义风格

珍缘（Perles）

以珍珠项链的浮雕设计勾勒出刀叉的轮廓，这是受到了路易十六时期典型的串珠装饰影响。通常搭配精致的餐桌。

洛可可风格

马尔利（Marly）

源自路易十四在巴黎近郊建造的马尔利城堡。所有系列中它的装饰最复杂，也最优雅。手柄部分丰满的造型体现出奢华感。

新古典主义风格

鲁本（Ruban）

"鲁本"在法语中意为丝带结，是路易十六时期常见的装饰图案之一。沿着边缘垂下的丝带结设计让餐桌显得俏皮又华丽。

> 巴洛克帝国风格

克吕尼（Cluny）

这个系列以勃艮第地区于10世纪建造的一座修道院命名。它是18世纪最经典的刀叉，设计精巧简洁，省去了繁复的装饰，可以搭配各种风格的餐桌。

> 帝国风格

马勒梅松城堡（Malmaison）

这个系列的灵感来自拿破仑一世的约瑟芬皇后所住的马勒梅松城堡。典型的帝国风棕榈叶与荷叶纹饰，对称地刻在边缘上。适用于古典优雅的场合。

第 3 章 基于色、形、质的餐桌搭配技巧

装饰艺术风格

美国（America）

20世纪30年代流行的装饰艺术风格系列。它的名字是为了致敬第一次世界大战后从自由思想中创造出多元文化的美国。基于几何学的简单设计，适合现代风格的餐盘。

后现代风格

咏叹调（Aria）

手柄部分光滑凹槽雕刻的灵感来自歌剧中的旋律。它遵循了20世纪80年代兴起的后现代主义的风潮。它的设计类似古建筑的立柱，适合呈现奢华的餐桌。

基于酒种选择玻璃杯形状

在西式餐桌上,酒杯是必需品。葡萄酒带来的味觉感受会随着进入口腔和流经舌头而发生变化。酒杯的形状不仅取决于红葡萄酒、白葡萄酒和香槟的分类,还受到葡萄酒类型(葡萄品种)的影响。在这里,我们通过奥地利玻璃杯制造商醴铎(RIEDEL)的"侍酒师"(sommeliers)系列(第104~105页)来介绍酒杯的形状。该品牌力求与世界各地的葡萄酒

红酒
波尔多杯
法国波尔多产区的红酒专用玻璃杯。波尔多红酒倒入小酒杯,便可以明显感受到单宁和橡木桶香气,但是图中的玻璃杯特点是杯肚较大,容量为860毫升。波尔多红酒的酸度和单宁含量较高,这个杯肚可以使得红酒充分氧化至柔和,能让饮者更好地感受到波尔多葡萄酒复杂而细腻的味道。

红酒
勃艮第杯
搭配法国勃艮第产区的红酒,尤其是黑比诺品种的最佳红酒杯。其特点是大杯肚和喇叭杯口。大杯肚可以更好地打开红酒本身复杂的香味,喇叭杯口可以引导红酒漫入舌尖,使得酸味与浓郁的果味充分交融,最大限度地彰显勃艮第红酒的酒香。

※杯肚是指盛装酒液的部分,杯口是指与嘴唇接触的酒杯边缘。

第 3 章　基于色、形、质的餐桌搭配技巧

生产商一起开发适合每种葡萄酒的最佳酒杯形状。此外,我们还将介绍为日本酒设计的玻璃杯,以及餐桌上常用的红酒醒酒器。

> **!要点**
> 根据葡萄品种选择形状合适的酒杯,以及西餐场合的日本酒专用玻璃杯。

酒杯、醒酒器品牌方:醴铎(日本)

【香槟】
香槟杯
它的杯肚不是传统的长笛形,而是鸡蛋形。葡萄酒与空气的接触面及留存香气的空间因其形状而增大,这也反映了近些年用白葡萄酒杯品饮香槟的趋势。

【红葡萄酒·白葡萄酒】
仙粉黛/雷司令杯
红葡萄酒和白葡萄酒均可广泛使用的酒杯。窄长的杯肚可以很好地保留葡萄酒所含的丰富香气,能够顺滑地将葡萄酒引至舌尖,使入口的酸味和果味更加和谐。

【红葡萄酒】
埃米塔日（Hermitage）酒杯
专为带有辛辣口味的红酒西拉（Syrah）而制的酒杯。微微收缩的杯口可将红酒缓缓引至舌尖,品到浓郁果香背后的精致酸味。

【白葡萄酒】
蒙哈榭（霞多丽）酒杯
拥有浓郁果香与柔和酸味的勃艮第蒙哈榭产区的霞多丽酒（或口味相近的白葡萄酒）适宜用这款酒杯品饮。丰满的杯肚和敞开的杯口,能够更好地彰显酒的个性。

日本酒

高阶机制杯（Superleggero）系列 大吟酿杯

大吟酿酒专用酒杯。将冰的大吟酿倒入杯肚下半部分，转动玻璃杯，使之与空气充分接触，会散发清新的果香。

日本酒

高阶机制杯（Superleggero）系列 纯米酒杯

纯米酿造酒的专用酒杯。大杯肚和宽口径可以突出纯米酒特有的浓郁风味，带来柔和悠长的口感。

第 3 章 基于色、形、质的餐桌搭配技巧

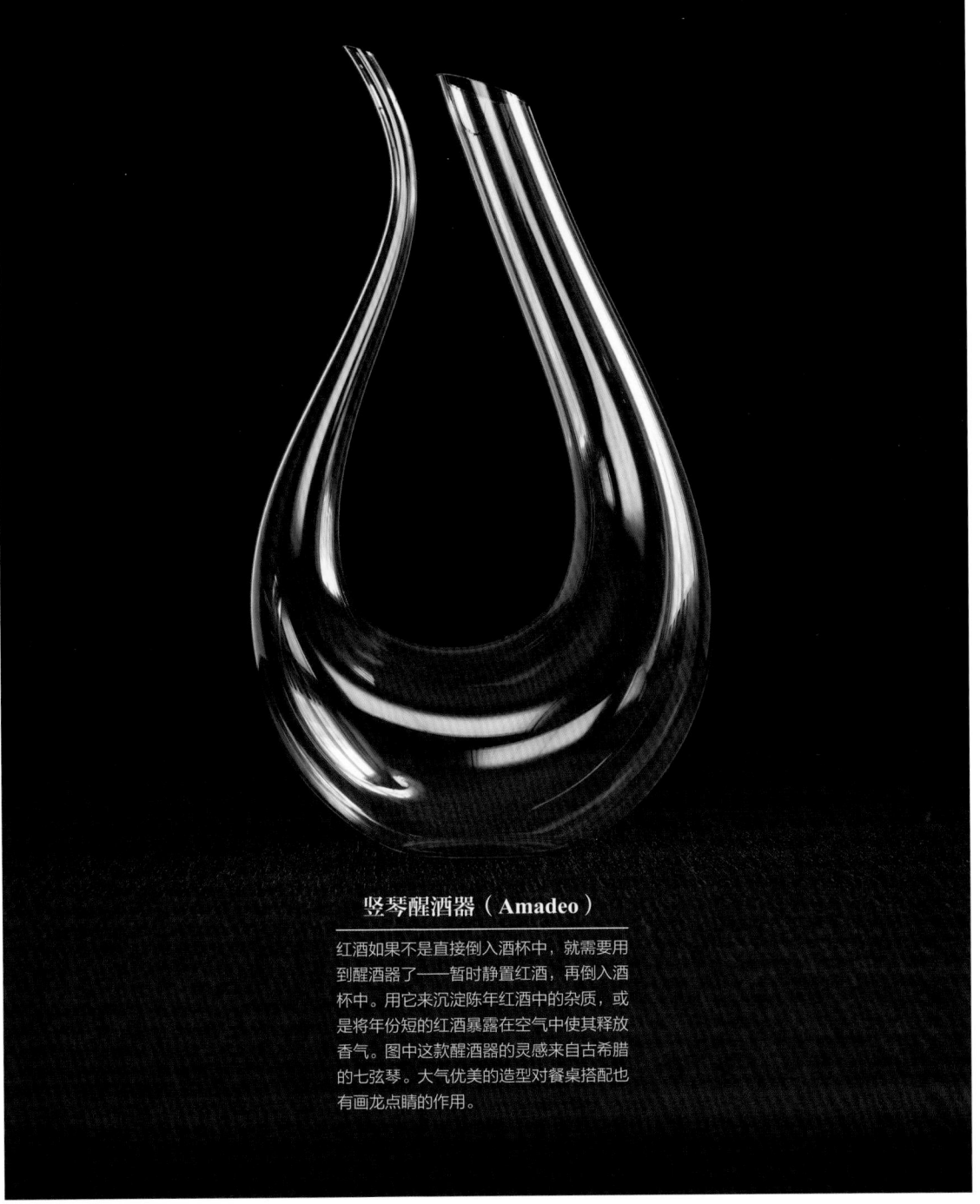

竖琴醒酒器（Amadeo）

红酒如果不是直接倒入酒杯中，就需要用到醒酒器了——暂时静置红酒，再倒入酒杯中。用它来沉淀陈年红酒中的杂质，或是将年份短的红酒暴露在空气中使其释放香气。图中这款醒酒器的灵感来自古希腊的七弦琴。大气优美的造型对餐桌搭配也有画龙点睛的作用。

餐巾的折叠效果

餐巾是餐桌搭配中必不可少的要素,且根据折叠方式不同可以给餐桌形象带来不同的效果。在正式或半正式的场合,我们遵循简洁的折叠规则,但餐巾的折叠方式的确可以传达餐桌搭配的主题和信息。在这里,我们将介绍几种典型的折叠方法,直观地看一下餐巾的

优雅和华丽

! 要点
折成立体形态并凸显曲线。

[女士]
褶边华丽,也可以立起来放置。

[节日]
经典折叠法,用蓬松造型来体现优雅。

[帆船]
适宜想用餐巾来增加视觉冲击力的场合。

"形"的差异。一般而言，将其折叠出曲线以呈现立体感，会产生华丽的效果，而合理运用直线则会彰显现代感。

现代和简约

！要点
利用直线，要折叠得整整齐齐。

[牛角面包]
只需将其卷起即可营造时尚感。

[对角线条纹]
对角线轮廓清晰。口袋式的设计还可以放卡片或刀叉。

[喇叭裤]
折叠方式酷似裤腿而得名。可以夹名片或小卡片。

象形及动物造型

[兔子]

中秋赏月、儿童活动等,适用于需要营造可爱氛围感的场合。

> ! 要点
> 适用于休闲餐桌,按季节和场合选择样式。

[长靴]

适合放在圣诞餐桌上,起到装饰的作用。

[男孩]

折叠成男孩图案。适用于儿童节等节庆活动、生日派对等场合。

[女孩]

折叠成女孩图案。适用于儿童节等节庆活动、生日派对等场合。

第 3 章 基于色、形、质的餐桌搭配技巧

花卉造型

!要点
衬在素色餐盘上,适用于想要给餐桌增添色彩的场合。

[百合]
折叠成百合形状。近似皇冠的造型适合优雅的餐桌。

[玫瑰]
折叠成流行的玫瑰形状。宛如餐桌上盛开的鲜花。

提示!
餐巾可以放入酒杯中吗?

　　图片展示的是一种名为"卡特兰"的折叠方式。将餐巾放入酒杯中,会起到提升高度的作用,使得餐巾脱颖而出,更显华丽。在宴会上经常可以看到,但实际上存在餐巾绒毛残留等卫生问题。因而不宜用于有关饮食的餐桌搭配以及正式场合。

餐桌花与花器

我们在第58~61页解释了餐桌花的作用和规格。另外，即使插放相同的花卉，也会因为不同的花器形状给人带来不同的印象。这里我们将介绍除了常规花瓶之外，用途广泛且适合餐桌花的花器。

玻璃制花器

! 要点

四季皆宜，适合简单自然的搭配。

玻璃花瓶有多种设计，如球形、方形和圆柱形。近年来流行一种外观类似玻璃，但不易破裂的聚碳酸酯（PC）材质的新式花瓶。它可以给人一种自然、清爽的感觉。

花材

玫瑰、香豌豆、金丝桃、千日红、尤加利、石竹（绿毛球）

第 3 章 基于色、形、质的餐桌搭配技巧

环状花器

!要点
四季皆宜，作为中心装饰品或是放到旁边都很漂亮。

如果把花围满一圈，它看起来就像一个花环，给人一种华丽可爱的印象。图中的留白，适用于日式和西式餐桌。除了平放，还可以立起来。

花材
玫瑰、香豌豆、莫氏兰、利休草、洋桔梗、千日红

狭长式花器

> **！要点**
> 专为长条形餐桌设计。

可作为中心装饰品或桌边花。像这样的流线型花器,可以整个插满来营造出华丽氛围,也可以只插部分,露出其他区域,展示花器自身的造型。

花材
红掌、玫瑰、洋桔梗、金丝桃、石竹(绿毛球)、树莓、利休草

第 3 章 基于色、形、质的餐桌搭配技巧

蛋糕架

> **! 要点**
> 根据花卉的选取,打造浪漫或别致的餐桌。

原本用来装点心的蛋糕架,可以放置一小块泡沫花泥,把鲜花插在上面作点缀。它可以用作茶歇或下午茶的餐桌花。即使使用少量花材或小的花朵也能体现出浪漫别致的意象。

花材

玫瑰、洋桔梗、金丝桃、悬钩子、树莓、白星

突显形状的搭配示例

第 3 章　基于色、形、质的餐桌搭配技巧

!要点
通过减少颜色数量来突出形状，能产生视觉和触觉上的共鸣。

　　摆上形状俏皮的器皿，会使餐桌变得更有趣，引起客人的好奇心。图中设定的场景是：以设计丰富的餐具为主，搭配勃艮第和波尔多葡萄酒，享受前菜。这里，我们选用了高冈铜器制造商四津川制作所（富山县高冈市）生产的品牌"喜泉"（KISEN）。选取了几样具有特殊材质和形状的器具。中间的金、银色器皿由黄铜和木头制成，我们称之为"小摇篮"（Cradle）。它的特点是呈蛋形，像摇篮一样晃来晃去。水平放置在餐桌上可以增强视觉冲击力，握在手中也可体验完美尺寸带来的舒适感。如果想强调形状和质感，重点是减少色彩的使用数量。在这里，我们使用了灰色台布作为底色，用紫色桌旗作为亮点。每一件物品仿佛都在灰色的舞台中脱颖而出。

品牌方：喜泉（四津川制作所有限公司）
· 小摇篮
· 小餐托(金色/银色)
· "无脚酒杯"（AROWIRL）勃艮第杯/波尔多杯

图中为分餐摆设，在法国利摩日的哈维兰品牌（Haviland）的餐盘上放了几种有趣的小物件：瑞典餐具"Gense"牌的不锈钢前菜碟、镶有金箔的喜泉牌小餐托以及一个小酒杯。不同材质和形状的别致食器，可以让客人们欣赏到灵动的餐桌舞台。

喜泉的"无脚酒杯"是一款两件套酒杯。它的下面是金属底座，玻璃杯可以旋转以打开红酒的香气和味道。可晃动的酒杯虽看起来不太稳定，但事实上并不用担心会被打翻。以其丰满的形状为特征的勃艮第杯，适用于白葡萄酒、桃红葡萄酒和温和的红酒。而优雅的S形波尔多杯，则适用于更浓郁的红酒。

第 3 章 基于色、形、质的餐桌搭配技巧

"小摇篮"放置在桌子中央以及垫高的木盘上,显得错落有致,给人一种干净利落的印象。

餐桌搭配专栏3

各种花器及使用方法

作为餐桌花使用的花器，除市面上常见的花瓶之外，还可以使用玻璃杯、烛台、盘子、果盘、冰桶等。如果是休闲主题的餐桌，也可以利用空瓶、空罐头或是在厨具上插上鲜花。只要符合餐桌搭配的主题理念，花器可以自由选择。在这里，我们将介绍本书中使用的一些花器以及插花灵感。

A：我们重复排列了"LSA International"的彩色玻璃香槟杯，并将它们用作花瓶。重复的法则，是通过用少量的花朵营造时尚感（详见第137页）。

B：墨绿色玻璃花瓶。瓶口较宽，既可以插满鲜花体现出华丽感，又或者插少量大朵的花。本书中，我们用了一大一小两个花瓶，搭配不同的花束（详见第151页）。

C：敞口浅盆的玻璃花器。马蹄莲和郁金香的茎长且柔软，可以自然地斜插在花器中。用大片叶子遮盖泡沫花泥，是很常用的方法（详见第165页）。

D："ALART"*品牌的铝制花器。笔直简约的造型非常适合搭配时尚主题的餐桌。它可以通用于日式和西式餐桌（详见第181页）。

E：ALART花器的这款设计，将玻璃瓶固定在环形铝制框架上。本书中，我们使用了马蹄莲，也可以通过其他花材来装点日式餐桌（详见第159页）。

F：铁艺架。可以在铁丝圆口中插入塑料管使用，也可以直接将花插在上面。因为它的储存量很有限，适合不需要大量水分的花卉，例如紫阳花和绣球荚蒾（详见第90页）。

G：一大一小的书本形陶瓷花瓶。可以使用泡沫花泥，或直接插放鲜花。简约、多功能的设计，可兼用于日式和西式餐桌（详见第169页）。

H：黑色流线型陶瓷花瓶，适用于对称花卉设计。花瓶的设计简洁又富有个性，因此适合搭配特征鲜明的鲜花（详见第175页）。

I：不锈钢烛台。台底放入泡沫花泥，根据重复法则摆放鲜花给人一种时尚的印象（详见第186页）。

* ALART，丸信金属工业株式会社创立于1976年的铝制品品牌。

餐桌搭配的美学设计

材质搭配

学习重点
- 了解餐盘、刀叉和玻璃杯的基本材质。
- 根据特定主题、场景、要表达的想法和档次选择材质。

餐盘的材质

> **要点**
> 餐盘除了通用的瓷器、骨瓷、陶器外，还有漆器和树脂新材料等，材质种类多样。

餐盘的材质种类繁多。在西餐中，瓷器、骨瓷和陶器是基本配置。瓷器是由含有高岭土的瓷土在高温下烧制而成。它是陶瓷中最坚硬且耐磨的，以有高透性的白色为特点。

骨瓷是用牛骨粉代替高岭土制成的软瓷。骨瓷含有50%的骨粉，具有象牙色和柔软质感，温润如玉。

陶器由黏土制成，偏重但具有良好的耐热性和保温性。其外表通常质朴又不失温和，广受喜爱。此外，还有朴实浑厚的炻瓷，木制品、漆器等原本用于日式餐桌的材质，以及经过特殊加工后的新材料树脂等。随着饮食生活的多样化，餐盘的材质也在不断发展变化。

A：涂层器皿
这款石川品牌的"山中"系列的餐盘继承了漆器的传统。主要材质使用了轻便的木材，边缘部分聚氨酯材料（PU）的金属粉涂层是亮点。木纹质感的运用，让餐桌富有生命力。（品牌方：浅田漆器工艺有限公司）

B：树脂
这款餐盘是由饱和聚酯树脂和玻璃纤维合成的新型耐用材料。波浪设计给人一种时尚感。[品牌方：ARAS（石川树脂工业株式会社）]

第 3 章　基于色、形、质的餐桌搭配技巧

摆放在一起，可以清晰地看到不同材质表现出来的感官印象差异。

C：木材　D：石板　E：骨瓷　F：陶器（品牌方：secca.inc.）
G：不锈钢　H：玻璃　I：炻瓷（品牌方:secca.inc.）　J：瓷器

叠加不同材质的餐盘

两只餐盘的叠加与组合，根据不同材质，可以有4种方式。位置盘分别使用了瓷器和树脂餐盘，依次变换叠放在上面。同时根据餐盘的质地，更换了与之相配的刀叉和餐桌花。

> **!要点**
> 通过组合不同材质能改变餐桌的整体印象，也可以烘托季节感。

瓷器×瓷器

同材质同系列的两个餐盘叠加，营造出整洁正式的氛围。但往往没有太多惊喜，可能给人一种刻板的印象。

瓷器×玻璃

把上面换成带有彩色图案的玻璃餐盘。相比于左边的搭配，它增加了俏皮感和趣味性。

第 3 章　基于色、形、质的餐桌搭配技巧

树脂×玻璃

将位置盘替换成磨砂树脂餐盘，并叠放玻璃盘，呈现出清爽、时尚的夏日餐桌。刀叉也从之前的银质换成对应的树脂材质，餐桌花则通过强调质感来突出现代感。

树脂×陶器

将叠加的餐盘换成哑光质感的陶器。相比左边的搭配，多了一份沉稳，适合用于秋冬的餐桌。

刀叉的材质

典型的刀叉材质有纯银（925银）、镀银和不锈钢。足银柔软，单个不能用作餐具，通常添加铜以改善其硬度。纯银的标准是含银92.5%或更高。代表性的纯银餐具通常有英国Hallmark系统标识作为保障。一般是在铜镍锌合金上镀银，镀银餐具是作为替代昂贵的纯银质餐具而开发的。镀银餐具都会印有E.P.N.S（Electroplated Nickel Silver），其特性和性能近似纯银，银器一般指的就是这类银盘。

> **！要点**
> 典型材质有纯银、镀镍银、不锈钢，根据质地选择对应的餐盘。

A：镀银
表面的银色质感和优雅的光泽可以为餐桌带来奢华感。镀银长时间暴露在空气中容易氧化变色，可以用专门的擦银布或洗银水抛光氧化层，即可恢复光泽。

B：不锈钢
适用性较高，是最常见的材质。表面有光泽的，也有哑光的。

第3章 基于色、形、质的餐桌搭配技巧

不锈钢是一种添加了铬或铬和镍的铁基合金的材料。其用途广泛，日常生活或工作场合均可适用。常见的是18-8不锈钢（铁+18%铬+8%镍）和18-12不锈钢（铁+18%铬+12%镍），镍铬含量越高，耐久度越高，越不容易生锈。此外，还有塑料、树脂和漆器等材质。刀叉的选择不仅要考虑形状和设计，还要考虑材质，选择与餐桌相匹配的刀叉。

D：不锈钢
新潟县燕市的相泽工坊（Aizawa）的"Monopro+Boxer"系列，由不锈钢制成，加上环氧树脂涂层。磨砂质感体现出设计的简约、时尚。

E：树脂
来自石川县加贺市的石川树脂工业的餐具品牌ARAS的刀叉。树脂经过特殊工艺处理，耐用性极高，具有日式和西式餐桌都可搭配的质感和设计。

F：漆器
具有漆器特有的温暖质地和触感。来自石川县轮岛市的"传统工艺轮岛涂 加藤漆器店"的轮岛涂刀叉。适合用于精致的甜点。

C：塑料
手柄是塑料的，法国制造。突出彩色的效果，适用于休闲场合。

玻璃的材质

同餐盘和刀叉一样,玻璃杯根据材质和场景也有不同等级分类。在正式场合,我们选择高品质的水晶杯,其透光度较高。在对耐用性有要求的场合,例如酒店餐厅和飞机头等舱,一般使用不易破裂的Tritan无铅水晶(Tritan-crystal)玻璃杯。

A:水晶
富有水晶的光泽,为了增加亮度,含铅成分。

B:Tritan无铅水晶耐用且环保。

C:桧木+涂层
适用于现代日式餐桌搭配。
(品牌方:浅田漆器工艺有限公司)

第 3 章 基于色、形、质的餐桌搭配技巧

透明的玻璃杯使香槟的气泡和红酒的颜色看起来透彻明亮，但在设计上，我们有时会选择金色、银色或黑色等有颜色的玻璃杯，甚至是涂漆等材质的玻璃杯。

要点
从水晶到涂漆，根据特性选择。

D：塑料
适用于野餐、烧烤、儿童派对等户外场合。

E：钢化玻璃+金属套件
钢化玻璃应用最广泛。其特点是高透、质轻、硬度高。
[品牌方：喜泉（四津川制作所有限公司）]

F：钢化玻璃电镀金属涂层
小型玻璃杯可用于倒开胃酒或日本清酒，独特的设计是它的亮点。

体现材质的餐桌搭配示例

我们将木材、玻璃、树脂、漆器、瓷器、铁和不锈钢等不同材质的餐具组合在一起,做了图示的餐桌搭配。为了展示餐桌的实木质感,我们用了麻纹桌旗。在玻璃餐盘上叠放了两套颜色不同的石川·山中漆盘,并搭配了同款同色系的漆器香槟杯。尽管在不同的材质上叠加颜色和图案,但是我们统一了灰色调,整体印象并不会变得杂乱无章。

> **!要点**
> 为了衬托出不同材质的特性,整体统一为灰色调。

陶器品牌方:浅田漆器工艺有限公司
·素色香槟杯(绸缎粉/珍珠绿)
·素色木制餐盘(绸缎粉/珍珠绿/墨黑)
桌旗品牌方:芬兰亚麻(Jokipiin Pellava) 西海岸株式会社(aulii·westcoast)

第 3 章 基于色、形、质的餐桌搭配技巧

单人用餐搭配。青柠色的玻璃位置盘上叠放"ARAS"的灰色树脂餐盘,再叠放浅田漆器工艺的珍珠绿的素雅漆盘。餐巾的颜色选择与另一套餐盘呼应的绸缎粉。香槟杯选择了与盘子颜色一致的珍珠绿。虽说是西式搭配,但由于搭配了漆器餐具,菜品的选择范围并不受限。

另一套则是在深粉色玻璃位置盘上叠放灰色树脂餐盘,其上的木制餐盘选择绸缎粉。另外搭配了带有灰色调的蓝色餐巾。在西式餐桌搭配中,如果要变换餐盘的颜色,通常按偶数(两套)更换。

第 3 章 基于色、形、质的餐桌搭配技巧

两边对座的中央放置了有田烧的瓷架，其上放置了带盖的瓷钵和不锈钢餐勺。

用作餐桌花的马蹄莲和香豌豆，放入深灰色系的花器。简单的装饰与不同材质的餐具相得益彰。花卉展示的线条和整体的形态也给客人们带来了视觉享受。

餐桌搭配的美学设计

6人餐桌的搭配示例

学习重点 ▶
- 了解6人餐桌的基本布置方法。
- 学习使用某个系列的餐具,学会变换餐巾和花卉来调整氛围。

6人餐桌的基本布置方法

以六人用正餐的餐桌搭配为例,我们用同一系列的餐具来呈上三道菜肴,餐桌的整体布置要体现出一种极致的正式感。将晚餐盘和甜点盘叠放在白色亚麻台布上,并将面包盘放在餐位左侧。其次,服务于前菜和主食,我们准备了一套甜品刀叉、主餐刀叉和黄油抹刀。酒杯也要准备一套香槟杯和葡萄酒杯。至于餐桌花,我们使用了玻璃底座的花瓶并放置在如图所示的两个地方,以便从任何座位都可以欣赏到鲜花。最后,餐巾的颜色呼应了餐桌花的颜色之一——淡紫色,简单地折叠一下。

要点 用同一系列的餐具营造出很正式的印象。

第 3 章　基于色、形、质的餐桌搭配技巧

使用的餐具：晚餐盘，甜点盘，面包盘，汤碗，茶杯和杯碟，意式浓缩咖啡杯和杯碟。

餐桌花呈长方形，为避免视线遮挡，调低了花卉整体的高度。

花材　玫瑰、洋桔梗、红掌、蓝星花、金丝桃、白星花、南洋参

变换餐巾的搭配

还是用相同颜色的餐巾，折叠成"三角洲"。与前面的例子相比，增加了立体感，变得更有趣。可以在餐巾上放名签、留言卡，与主题相符的一朵花，或者放一份小礼物，都可以提升华丽的格调。

单个人的餐桌布置。"三角洲"常用于婚礼餐桌，日式和西式风格皆宜，是一种高度通用的折叠方法。

第 3 章 基于色、形、质的餐桌搭配技巧

变换餐桌花的搭配

这是一个运用重复排列规则的例子,我们用了5个淡紫色香槟杯作为花瓶。不同于左页,它显得更洋气,同时也富有动感。由于抬高了视线,即使插花很少,看起来也很华丽。

花材只用了钻石百合与洋桔梗。为了与餐巾颜色相配,挑选了浓淡相宜、形态相异的粉色系鲜花。

用餐中有汤品的搭配

单人餐桌搭配,将汤碗放在餐盘上,在餐刀最右侧放置汤勺。

第 3 章 基于色、形、质的餐桌搭配技巧

如果套餐中有一道开胃汤,就要使用汤盘或汤碗。这里的双耳汤碗,需要搭配汤勺。餐具本身高低有致,将餐巾卷成"可颂面包"形,会使整个餐桌看起来富有流动感。拉长的餐巾给人一种时尚的印象。

餐桌变奏！
变换餐具来增添休闲感和趣味性

同样是套餐中有一道开胃汤，我们做了一个小小的变化。如果想让它比上一页更随意一点，可以使用不同款式的汤盘（如右图），会是非常休闲的一套搭配。下面是加了一个浓缩咖啡杯的示例。喝汤是主要目的，但在视觉上也增加了一点乐趣。

餐具叠加要适量！

餐桌搭配的技巧之一是叠加餐盘形成高度和动感。但是像这张照片中显示的，除了餐盘、甜点盘，汤碗下方再叠一只平盘，那就太累赘了。

第 3 章 基于色、形、质的餐桌搭配技巧

变换座位的搭配

重新调整一下六人用餐的座位:从三人一排面对面就坐,改为围坐一圈。邻座保持适当距离,宽敞而舒展。适合一边放松交谈一边用餐的场景。横向的布局显得更洋气。我们可以按照TPO原则(时间-场所-场合原则)来调整搭配。

餐后甜点的搭配

第 3 章　基于色、形、质的餐桌搭配技巧

餐后甜点的餐具有餐巾、甜点盘，以及茶杯和杯碟。这里的示例是4个人的餐桌。

在中央放一个甜点架，下午茶的氛围即刻凸显。再配上茶壶、糖盅、奶盅就更完美了。另外，正餐使用的是45~50厘米的餐巾。餐后甜点场合需要换成小一号的，30~35厘米的餐巾。选择蕾丝或刺绣等优雅的设计元素更符合这个场合。

餐桌花也应该缩小尺寸，且选择没有香味的鲜花。如图所示，我们在玻璃糖罐里放上玫瑰、洋桔梗、绣球荚蒾和白星花。

因为是白天，所以不必摆放蜡烛。

茶具需要托盘，但不一定是银色托盘。在这里，我们为了符合整套餐具的现代感，在白色折敷上叠加了一个亚克力方形板。

第 4 章

基于设计的餐桌搭配
十大法则

本章介绍了构建精致餐桌搭配的"十大法则",以及运用这些法则的7种餐桌搭配示例。

每种搭配示例,除了说明物品的选择和使用要点,还会阐述搭配的构思、丰富餐桌的创意和搭配技巧。为了实现搭配的整体效果,本章还将具体说明贯穿始终的6W1H基本原则,可以让我们在尽享视觉美感的同时,充分理解每个搭配细节构成的逻辑。

美好餐桌搭配的十大法则

美好的餐桌搭配需要理论的支撑,仅凭感觉和感性理解是不够的。只要遵循这里介绍的十大法则,大部分餐桌搭配都可以达到八成水准。

第一法则　明确主题和概念

要有一个所有用餐者都关心或可以参与的主题。摆上可以提示主题的象征物品和餐桌装饰品。聚焦主题,切忌出现毫不相干、关联不大的物品。

第二法则　用高度和颜色强化视觉焦点

最初映入眼帘的视觉焦点会给人留下第一印象。它可以是作为中心装饰品的花卉、蜡烛,或是任何吸引眼球的餐桌物品。可通过使用一定的高度或加深色调来引导视线。

第三法则　明确区分自用空间和公用空间

确保自用空间(参见第64页),可以保持餐桌功能性和美观性的平衡。放置位置盘或餐桌垫,可以让个人的用餐空间一目了然,与放置公共器皿和中心装饰品的公用空间明显地区分开。

第四法则　让餐桌错落有致

西式餐具中扁平的餐盘比较多,因此可以使用酒杯和蜡烛来产生错落有致的效果。此外,在公用空间使用底座增加高度差,可以增加动态效果,提升餐桌的设计感。

第五法则　用叠加法增添趣味

除了将甜点盘放在晚餐盘上的叠加法,还可以对小勺、小玻璃杯、带盖的器皿进行叠加组合,同样能达到第四法则中描述的错落有致的效果,增添趣味的同时还可以带来惊喜。

第 4 章　基于设计的餐桌搭配十大法则

第六法则　组合不同材料以增加新鲜感

使用同一品牌同一系列的餐具,在传统的西式餐桌正式场合属于主流。而当下的流行趋势是敢于创新,通过不同材质餐具的巧妙组合来展现餐具本身的独特风格,并且倾向于根据菜肴来选择和搭配餐具。

第七法则　用配色建立关联

基于所选的餐具颜色来选择鲜花或蜡烛的颜色,同时与台布的颜色相呼应,通过关联所有配色来保持整体的和谐。

第八法则　用纹饰强调物品

使用素色的餐具和台布通常不会出错。不过桌旗或餐具上少量的纹饰可以起到点缀餐桌的作用。如果选择有纹路的台布,建议使用素色的餐具来协调纹路占的视觉比例。

第九法则　用重复排列营造时尚感

灵活使用重复排列法来营造餐桌的时尚感。最容易操作的便是花器的重复排列。只需3个或3个以上同色或同款的简易花器,把它们排成一列,自然就会引导视线。

第十法则　风格相配、样式相配,再寻求混搭

餐桌搭配最重要的是风格、样式的相匹配。如果将高档瓷器与十元店的餐具相搭配,或者将带有金色装饰的华丽古典餐具与坚硬的不锈钢餐具放在一起,就会产生不协调感。在了解档次和样式后,可以通过结合不同的风格(如古典和现代)来寻求新的可能性,这就很考验搭配的技能了。

147

餐桌搭配的创意和组合技巧

进行餐桌搭配时,往往会萌生许多想法。
我们可以从一个主题或概念开始,也可以从"我想使用某个器皿"开始。
下面介绍一些方法来丰富和拓展我们的思维。

主题
无论什么样的餐桌搭配,首先需要一个主题。不要过多发散,尽量用易理解的方式将内容表达具象化。

概念
一旦确定了主题,就要围绕"如何安排、面向谁、营造何种印象"来设立概念。只有概念清晰明确,才能达成精致的搭配。

主题色
确定了概念,下一步就要选择主色调。主题色彩通常选取一到两种颜色,然后选择辅助色或强调色。

餐具
这一步要选择具体的食器、玻璃杯、刀叉、台布和餐桌装饰品。需要考虑风格和样式的搭配。

搭配
接下来要计划如何搭配挑选的器皿,才能使餐桌变得精致又好看。这部分好比建筑设计,需要考虑高低错落的效果。

摆放
除了器物美观,还需要遵从人体工学的摆放原则,设计出方便舒适、实用且美观的餐桌。摆放涉及具体操作和最终效果。

6W1H基本原则

在规划餐桌搭配的时候,遵循6W1H基本原则,
可以拓展出更具体且贯穿始终的概念。

Who(主办)
宴会主办方。根据用餐人的性别和年龄不同,饮食、空间和舒适度偏好也会有所不同。

With whom(宾客)
邀请谁一起吃饭?是朋友还是上司?人际关系会影响主客和宾客的座次安排。

Why(目的)
用餐的目的。是庆祝还是社交?搭配的风格会根据目的而变化。

When(时段)
午餐还是晚餐?或是其他时间?用餐时间会影响到菜单和装饰风格的变化。

Where(场所)
用餐的地点。是室内还是室外?是在自己家还是朋友家?或是在餐厅?桌子的形状和大小会根据场所而发生变化,摆设的方式也会发生变化。

What(菜肴)
菜单。是西餐还是日料?或者是中餐?菜肴种类会影响器皿的选择,服务和搭配风格也会相应变化。

How(形式)
风格。是坐着吃还是站着吃?风格也会影响服务方式和器皿的选择。

第 4 章 基于设计的餐桌搭配十大法则

本章介绍的餐桌搭配的阅读指南

本章介绍了7个餐桌搭配的例子。这些都是从146~148页中介绍的"十大法则"、"创意和组合技巧",以及6W1H基本原则中获得的灵感。具体操作请参考以下范例。

这部分解释了餐桌搭配的主要内容。

十大法则
为了实现美好的餐桌,有侧重、有针对性地介绍具体采用了哪些法则。

创意和组合技巧
以"主题""概念""餐具"等关键词为出发点,解释了如何拓展思路并进行搭配。

6W1H基本原则
为筹划餐桌搭配而参考的6W1H原则对应的内容。

介绍了单人用的餐桌搭配、关键物品和搭配技巧。

餐桌变奏!
在改变部分餐桌搭配元素(例如器皿种类等)的情况下,解释一些变化带来的效果。

1

餐桌搭配
table coordination

艺术剧场般的
非日常体验

这组餐桌搭配使用了法国利摩日著名陶瓷品牌雷诺的"让·谷克多"（Jean Cocteau）系列。它的灵感源于20世纪伟大的艺术家让·谷克多五十年代的作品，旨在通过艺术性和剧场感的色彩表达，营造非日常感的空间。选用了让·谷克多喜爱的粉彩（pastel color）和哑光质感的器皿。为了烘托器皿的特点，台布选用了黑色。中心装饰品为一大一小的灰色玻璃花瓶，插上红色和紫色的鲜花。这样可以将视线引向中心并带来视觉冲击感。在黑色的玻璃烛台上，使用与餐桌花相同的鸢尾花来装饰，以突出花瓣的烈火形态。如此，在纵向和横向都找到一个平衡。此外，选用与餐盘同样的粉色餐巾，并将餐巾折叠赋予其立体感，显得错落有致。由此与平坦的餐盘形成对比，营造出剧场般的灵动氛围。

品牌方：艾丘雷诺青山店

·雷诺"让·谷克多"系列 27厘米（玫瑰粉）餐盘、21厘米（黑色/蓝色 第154～155页）餐盘、16厘米（黑色）餐盘。
·雷诺"让·谷克多"系列咖啡杯和杯碟（黑色）。

餐桌搭配的创意和组合技巧

| 餐具 | 使用雷诺的"让·谷克多"系列。 |

▼

| 主题 | 向艺术家"让·谷克多"致敬。 |

▼

| 概念 | 艺术和剧场结合的非日常感。 |

▼

| 主题色 | 黑色和粉色。
红色作为强调色。 |

▼

| 搭配 | 用鲜艳的餐桌花吸引视线,突显富有艺术性的盘子。 |

▼

| 摆放 | 用黑色烛台、立体餐巾,以及高低错落的咖啡杯制造流动感。 |

第四法则

让餐桌错落有致
用较高的中心装饰品和烛台营造剧场感。

6W1H基本原则

Who	创作者
With whom	让·谷克多
Why	享受精致食器带来的非一般体验

第 4 章 基于设计的餐桌搭配十大法则

第二法则

用高度和颜色强化视觉焦点
在中央摆放色彩具有冲击力的餐桌花，引人注目。

第七法则

用配色建立关联
通过盘子、餐巾和花卉等元素的配色来呼应彼此。

When	晚餐
Where	家居以外的单一空间
What	餐前小点心（Amuse），包含开胃菜、主菜和甜点的三道法餐菜式
How	围桌就座

单人餐桌搭配

黑色台布搭配柔粉色晚餐盘和黑色甜点盘,旨在划分空间。餐巾与晚餐盘同色。刀叉选取简洁款式,带有柔和曲线外观,没有多余的装饰,摆放两套。

晚餐盘是玫瑰粉色。盘子上不同的图案,可能成为餐桌上的交流的起点,引发就餐者讨论有关让·谷克多的话题。

餐桌花

将艳丽的花材分别插入大小不一的灰色玻璃花瓶。用芒草将大小花瓶串联起来。

花材
嘉兰、紫色莫氏兰、蝴蝶兰、芒草

第 4 章 基于设计的餐桌搭配十大法则

咖啡杯和杯碟

餐后的咖啡杯和杯碟先摆放在一侧。通过高低参差营造出节奏感，与其他餐具的特性相得益彰。

餐桌变奏！
变换甜点盘，增加新鲜感。

把晚餐盘上的甜点盘，从黑色换成粉蓝色。会给餐桌增添一抹温柔的色彩。

食器品牌方：雪花株式会社（secca inc.）
影子系列 #010
影子系列 #014mini
影子系列 #017（第161页）

餐桌搭配
table coordination

酒店式的
庆典聚餐

在家庆祝重要纪念日时,我们通常希望营造出与平日不同的氛围。下面介绍一些营造酒店氛围的技巧。提到酒店的餐桌摆设,白色是经典的色调。白色既整洁,又不失庄重,非常适合庆典之日。将台布、餐巾、盘子和蜡烛统一为白色,可以彰显别致。不过,白色的搭配容易显得古板老套,这也是它的搭配难点。因此,建议加入一些新颖的元素或创意搭配来提升个性。这里使用的盘子是石川县金泽市的创意品牌雪花(secca)开发的"影子"(Shadow)系列瓷器,别具一格的器形,给人带来惊喜。餐桌花选了淡粉色。在一片纯白中注入玫瑰香槟,美食的加入也为餐桌增添了色彩,食物的移动好似表演餐桌魔法。

餐桌搭配的创意和组合技巧

- **主题** → 庆祝两个人的纪念日。
- **概念** → 演绎酒店风格的餐桌。
- **主题色** → 白色。
- **餐具** → 类似高档酒店使用的餐盘,雪花的"影子"系列。
- **搭配** → 以盘子为中心考虑装饰品以及菜品的选择。
- **摆放** → 使用蜡烛、花器、酒瓶、醒酒器等餐桌装饰品,通过高低错落来调节整体平衡。

6W1H基本原则

Who	我	What	餐前小点心,包含开胃菜、汤、主菜和甜点等4道菜式的法餐
With whom	和伴侣		
Why	庆祝结婚纪念日		
When	晚餐	How	围坐就餐
Where	自家餐厅		

第 4 章　基于设计的餐桌搭配十大法则

第四法则
让餐桌错落有致
使用烛台等较高的物件来调节平衡。

第一法则
明确主题和概念
以高级感和个性突出的盘子为主,演绎酒店风格。

单人餐桌搭配

陶瓷餐盘和雪花的"影子"盘叠放在一起。选择有一定高度的面包盘。尽管这些瓷器的品牌和系列不同,但共同点是都是白瓷。整体摆放设计简单,餐巾也使用简单的方式折叠,仅突出一点高度。

中央大盘

中央大盘也是雪花的盘子。下方放置一个底座垫高,以便欣赏到中央大盘特有的鱼线设计。通过在底座和中央大盘之间插入一只黑色盘子,衬托得中央大盘的曲线更醒目。通过抬高中央大盘的高度也起到了点睛作用,给人留下深刻的第一印象。可以把用手指便可轻易夹取的餐前小点心放置其中。

花器

在现代餐桌的搭配中,花器的设计也彰显个性和时尚。在这里,我们使用了ALART的铝制花器,这是一个生产铝制室内装饰品的品牌。为了与花器的弧线感呼应,餐桌花选择了马蹄莲。如果选择的花器设计感较强,那么最好选择少量的花来装饰。

餐桌变奏!
黑色和灰色的加入,使餐桌变得更加成熟与都市风

通过变换盘子来调整餐桌氛围。在黑色盘子上,叠加了表面凸凹不平、形状有趣的灰色雪花牌盘子。这样的酒店式餐盘,为菜品的摆放增加了想象空间。

餐桌搭配
table coordination

品酒主题的家庭聚会

　　这假定的是一场家庭聚会的餐桌搭配。一家人围坐在餐桌旁，品尝有年份的红酒，还有与红酒相配的清淡菜肴，是值得记忆的家庭温馨时刻。这瓶红酒刚好是女儿出生那一年珍藏在酒窖里的，为的就是用来在她出嫁的重要日子或是特殊纪念日品尝。初秋时分，夕阳西下，女儿和女婿，丈夫和我围坐在餐桌旁。把红酒倒入鹅颈醒酒器里，一边品尝奶酪和应季水果，一边品饮陈酿的红酒。回忆一家人的往日时光，祝福新的开始。棕色的台布搭配同色餐巾，为了保持整体的成熟感，餐桌花选择了棕色系的洋桔梗。棕色调整体稳重，银色的年轮纹盘子和金色刀叉点缀其中，给人以一种优雅、别致、自然的印象。

餐桌搭配的创意和组合技巧

| 主题 | 品饮有年份的红酒。 |

⬇

| 概念 | 借红酒回忆家庭过往，寄望未来。 |

⬇

| 主题色 | 棕色和波尔多红。 |

⬇

| 餐具 | 玻璃杯和高品质的餐盘，以及陈年红酒要用到的醒酒器。 |

⬇

| 搭配 | 玻璃杯放到餐盘上，中间的木质餐盘则要高低错置。食物的摆放要呈现立体感。 |

⬇

| 摆放 | 金色刀叉、筷枕和餐巾环都是点睛之笔。 |

第一法则
明确主题和概念
用富有设计感的醒酒器突显红酒作为主角。

第五法则
用叠加法增添趣味
盛菜用的玻璃器皿可以叠放在餐盘上。

6W1H基本原则

| Who | 我 |
| With whom | 和伴侣、女儿和女婿 |

第 4 章 基于设计的餐桌搭配十大法则

第四法则
让餐桌错落有致
在中间放置高低不一的木质餐盘来营造立体感。

醒酒器品牌方：醴铎（日本）竖琴醒酒器（Amadeo）

Why	享用和女儿同年的红酒佳酿	What	陈年红酒，以及与之相配的"熟成"食物
When	晚餐		
Where	自家的餐厅	How	围桌就座，奶酪和水果分别放在大盘子里

165

单人餐桌搭配

玻璃器皿中放上与红酒相得益彰的菜品,再将它放在银色的年轮纹餐盘上。这种搭配很出挑且非常时尚。旁边的酒杯和餐巾环,增添了一丝优雅,可以缓解紧张感。

餐桌花

玻璃底座内放置泡沫花泥,绕上一圈红掌叶。用尤加利和马蹄莲来勾勒曲线感。用波尔多色的马蹄莲和棕色系的洋桔梗增加整体的柔和感。

花材
玫瑰、洋桔梗、马蹄莲、尤加利、红掌叶

第 4 章　基于设计的餐桌搭配十大法则

醒酒器

醒酒器是饮用陈年红酒的必备品。把它放在醒目的位置,强调是酒会场合。这是一个根据主题来选择餐具、制造话题的极佳例子。

木质餐盘

把木质餐盘作为中心装饰品,餐盘下方用基座调节高度。如此,放上奶酪和葡萄等时令水果,使整个餐桌富有立体感。

餐桌变奏！
轻松享受红酒的场合

如果不是特别在意红酒的档次,可以撤掉醒酒器,每个餐位上的红酒杯也可以只放一个。变换餐盘风格,长方形陶瓷盘更休闲一点,刀叉索性放在餐盘上也更显活泼。花器换成大小各一的陶器。尤加利和马蹄莲不变,再点缀一些石竹,整体增加温柔和松弛感。

第 4 章　基于设计的餐桌搭配十大法则

餐盘由银色的年轮纹圆盘改为长方形陶瓷盘。通过改变材质和形状,让氛围变得更轻松。

与长方形餐盘相呼应,选了书形的花器。花器可以单独出现,也可以成对使用。

花材
马蹄莲、尤加利、石竹(绿毛球)

餐桌搭配专栏4

搭配计划表

计划表综合了第148页讲解的"餐桌搭配的创意和组合技巧"以及6W1H基本原则。根据主题和概念确定主题色、餐具和菜肴,通过明确"主办""宾客""目的""时段"和"形式"来引发设计思路,实现餐桌搭配。这份计划表可作为家庭款待的笔记。比如写上"我请某君来家做客,上的是这种菜,是这个主题"。有了这样的记录,下次再邀请人家,就可以避免菜品重复,也可以积累出你自己的待客风格。

工作中也会用到这张计划表。餐桌搭配方案的好坏,取决于最终是否被采纳。

这里介绍的是我在花生活空间餐桌搭配课堂上给学生做的计划表。一般会让学生在课前一周填写一份计划表,我会分析这些餐桌搭配是否可行,概念和构思是否匹配。如果餐具的风格不协调,或是菜品和餐具不匹配,再或者花材的数量或风格不太合适等,我会请学生们重新考虑,让他们以最好的状态来上课。在专业培训课程中,我们还会把预算、制作成本、目标等添加到计划表中,培养学生的餐桌搭配专业技能。

在制作专业的工作计划表时,画草图也很重要。为了让客户看得见、看得懂,我们需要将符合主题和概念的餐桌搭配构思具象化地呈现出来。

在花生活空间餐桌搭配课堂上给学生用的计划表。通过填写表格可以整理餐桌搭配的构思。

4 餐桌搭配
table coordination

质朴与现代融合的创意

创意（innovative）指的就是"创新"。从2013年开始，"innovative"一词高频出现在《米其林指南》中。标新立异、风格新颖、主厨独创的餐厅被归类为创新型餐厅。超乎食客的想象，充满了从未见过的新意，这样的呈现定会令人惊艳。

图中的餐桌搭配构造其实很简单。实木制品与雪花牌的现代陶瓷相结合，凸显材料本身的特性。木头和陶瓷的结合，温润中蕴含现代感，能够勾起客人们的好奇心，人们不禁会想"这是做什么用的？""会上什么样的菜？"。带来意想不到的惊喜也是一种创意。

品牌方：雪花株式会社
·scoop系列（中号，绿色）
·scoop系列（小号，绿色）

餐桌搭配的创意和组合技巧

主题	创意。
▼	
概念	不同材质的器皿进行创意的搭配。
▼	
主题色	黑色和绿色。 黄色为强调色。
▼	
餐具	木制品、陶器和瓷器以及其他不同材质的器皿混搭。
▼	
搭配	特别突出雪花陶瓷餐盘的特质。
▼	
摆放	将汤注入木框中的试管,感觉是要享用实验性的菜肴。

第四法则
让餐桌错落有致
在中间放置了高低不一的树桩盘子来制造独特的视觉印象。

第六法则
组合不同材料以增加新鲜感
组合木制品、陶器和瓷器以及其他材质并使其风格保持和谐一致。

6W1H基本原则

Who	我
With whom	精通美食的男士客人
Why	尝试发现"新事物"

第七法则

用配色建立关联

通过颜色的深浅创造和谐的视觉效果，例如用绣球花的绿色呼应盘子的绿色。

When	午餐	How	就座
Where	自家的餐厅		
What	餐前小点心、试管汤、意大利面、主菜和甜点4道素菜		

单人餐桌搭配

为了让餐桌有动感,雪花的"scoop"中号餐盘并没有叠放在中央,而是稍微偏向一侧。带有留言卡的黄色餐巾是黑色和绿色主题色中的亮点。

盛汤器皿

为盛汤而准备的试管和木架,原本是用于插一枝花的花器。我选择它是因为它符合"实验美食"的想象。一般盛放一口就可以喝掉的蔬菜冷汤。

餐巾

餐巾折叠出一个小口袋,附上留言卡。选择黑底的卡片,与主题色相呼应。

餐桌花

花瓶与盘子的质感相呼应,选用了类似石头形态的黑色哑光陶器。用形状各异的黑色和绿色花朵,营造动感。同时,鲜绿色的绣球花给人清新干净的印象。

花材
翡翠绿绣球花、黑色马蹄莲、金丝桃、利休草

餐桌搭配
table coordination

用餐具提升
在家用餐的
格调

　　2020年，日本政府推行"在家度过"的号召，"居家时光""在家吃饭"等表达开始流行。餐桌搭配不仅适用于特殊节日，即使是日常的餐桌也会因为小小的改变而漂亮加倍，焕然一新。餐具的选择，力求用少量的器皿提升家常饭菜的质感。在素色灰色台布上铺一条带有亚麻图案的黑色桌旗，配上表面有凹凸纹、树脂材质的"ARAS"大号餐盘和中号餐盘，再配上玻璃器皿。整齐有序的搭配，给人整洁的印象，非常适合款待客人。虽然整体颜色看起来相对单一，但灰蓝色的餐巾，以及鲜花的色彩，能够消除冷意。而且，一旦上菜，颜色就会变得鲜活起来。中间的奈赫曼（Nachtmann）玻璃制沙拉碗下方，我们垫了长方形石板以增加整体的厚重感。如此，结合不同材质的餐盘，我们就完成了家庭式餐桌搭配的改造升级。

餐具品牌方：ARAS（石川树脂工业株式会社）
· 大号餐盘（灰/白第183页）
· 中号餐盘（绿灰/粉灰/白第183页）
· 刀叉、筷子（灰）
桌旗品牌方：芬兰亚麻（Jokipiin Pellava）西海岸株式会社（aulii · westcoast）

用餐具提升在家用餐的格调

餐桌搭配的创意和组合技巧

主题	提升在家吃饭的体验。
概念	简约、轻松且时尚。
主题色	统一色调。 红色作为强调色。
餐具	将树脂餐盘、玻璃碗、铝制花瓶等不同材质的器皿色调统一。
搭配	将餐盘的曲线以及餐布上的直线排列得井井有条,给人留下整洁的印象。
摆放	给花器设置高低差,用大朵的红色大丽花制造视觉冲击力。

6W1H基本原则

Who	我	What	共享的大盘沙拉、前菜拼盘、烤猪肉和米饭
With whom	和家人		
Why	使日常用餐变得时尚	How	围桌就座
When	午餐		
Where	自家的餐厅		

第四法则

让餐桌错落有致

使用有高度的花瓶,将大朵花插在高低不同的位置。

第五法则

用叠加法增添趣味

在餐盘上放一个带盖的玻璃器皿和盛开胃菜的餐勺。

第八法则

用纹饰强调物品

用带图案的桌旗为单色的餐桌增添一丝趣味。

单人餐桌搭配

ARAS的大号餐盘和中号餐盘特意采用了不同的颜色,可以带来一点色彩变化的趣味。中号餐盘的上面放了盛餐前小点的餐勺,不妨想象一下餐前小点的美味多汁。用带盖的玻璃盅制造高度差,盘子里至多可以放5种开胃小菜,绝对是一套华丽的拼盘。此外,在餐枕上添加了筷子,便于让客人体验到日式与西式融合的风格。

花器

配合主题的概念选择新潮的铝制花瓶,搭配不锈钢底座,给花朵制造高低差。大红色的大丽花会是桌子的点睛之笔。

花材

大丽花、芒草

第 4 章　基于设计的餐桌搭配十大法则

餐桌变奏！
放上蛋糕架就可以享用下午茶了

在ARAS的大号餐盘和中号餐盘之间垫一只烛台，就变成了双层蛋糕架。市面上的蛋糕架通常设计优雅，如果想在工作或家中享受一下新潮的茶歇，这个组装就会派上用场。

将咖啡杯放在大盘子上，搭配装有果酱或奶油的小碟子，就是一套精致的下午茶。

餐桌搭配专栏5

Ins风的造型

当你在社交网络上发布餐桌搭配照时，会不会觉得效果不如实际那么有冲击力，或者没有传达你想要表达的吸引力？通过相机或手机镜头展示餐桌，必须考虑如何通过镜头看起来吸引人。它与实际的餐桌搭配不同，需要改变物品的位置，如刻意将餐巾打乱放到一边等。为了放到社交媒体上更美观，这里我们对第183页下午茶的餐桌搭配做了些调整。在社交媒体上，从正上方俯视的正方形构图很受欢迎。因为这个角度和平时看到的不一样，才显得很新鲜。为了充分地展示茶点，我们将ARAS大号和中号餐盘拼成的两层蛋糕架位置前移。餐桌搭配需要适当的间距，否则俯瞰就会像左图那样给人一种单调刻板的感觉。那么，把餐桌花拉近一些，打开餐巾，把刀叉放到盘子上。将各种元素融入方形视角中，更容易传达现场感。一旦掌握了餐桌搭配和造型之间的区别，弄清楚表现手法的区别，就可以掌握Ins风的拍摄技巧。

第183页下午茶的餐桌搭配。在此基础上俯拍，难免有点单调无趣。

Ins造型的示例。把蛋糕架和鲜花拉近,刀叉和甜点放在餐盘上,将各种元素收进一个方框中,自然会给人生动有趣的印象。

品牌方:ARAS(石川树脂工业株式会社)

6

餐桌搭配
table coordination

花朵绽放的艺术餐桌

　　鲜花在餐桌搭配中起着重要作用。极具冲击力的深粉色大丽花搭配法国利摩日瓷器柏图品牌的餐盘，既现代又华丽。"心花怒放"（In Bloom）系列采用大胆的花卉印花，是与年轻艺术家泽默·佩尔德的联名作品。灰色亚麻台布上叠放着靛蓝位置盘、餐盘和甜点盘。刀叉分别选取手柄简约利落的昆庭、谐蕴和本真系列。与独特餐盘相得益彰的，是时尚品牌醴铎的侍酒师黑领结系列香槟杯。对于花器，将泡沫花泥放到不锈钢烛台上，使用重复规则排列大丽花。花朵的华丽与不锈钢的硬冷，形成反差对比，却又巧妙地融合在了一起。

餐盘品牌方：柏图日本株式会社
· 心花怒放系列大平盘/餐盘/甜点盘/面包盘

餐具品牌方：昆庭 东京大仓酒店
· 谐蕴（Concorde）系列6人用刀叉套装（24件套）
· 本真（Origine）系列甜点刀叉
· 舞动之环（Vertigo）系列盐瓶和胡椒瓶

玻璃杯品牌方：醴铎（日本）
· 侍酒师黑领结系列 复古香槟杯
· 长颈醒酒器

餐桌搭配的创意和组合技巧

- **餐具**：试用独具个性的柏图心花怒放系列。
- **主题**：造型独特的大花绽放。
- **概念**：华丽时尚的搭配。
- **主题色**：灰色和蓝色。深粉色作为强调色。
- **搭配**：搭配吸引眼球的物件，与心花怒放系列餐具相互映衬。
- **摆放**：不锈钢花瓶和反复出现的花朵给人一种时尚感，强调花朵的华丽。

第三法则
明确区分自用空间和公用空间
桌花在中间一列排开，显得张弛有度。

6W1H基本原则

| Who | 我 |
| With whom | 工作与私交都很好的女企业家们 |

第 4 章　基于设计的餐桌搭配十大法则

第九法则

用重复排列营造时尚感

花器与花卉的重复排列,时尚大方。

第十法则

风格相配、样式相配,再寻求混搭

与主餐盘相配,选择有格调、有个性的餐桌装饰品。

Why	增进友谊	What	前菜、主食和甜点三道菜式的法餐
When	周末午餐	How	围桌就座
Where	自家餐厅		

单人餐桌搭配

餐盘用心花怒放系列搭配。刀叉选择昆庭的本真系列的甜品刀叉，以及谐蕴系列的进餐用刀叉。酒杯是醴铎的侍酒师黑领结系列香槟杯，其特点是底座呈黑色。

心花怒放系列的魅力还在于图案和蓝色彩绘的分布因商品而异。图中是撤掉上图的甜点盘之后，露出用于盛放主菜的餐盘。

图中是邀请客人入座时的位置盘。

第 4 章　基于设计的餐桌搭配十大法则

刀叉的摆放

如果选择不同系列的物件,就要考虑风格的搭配。这里为了搭配主题概念,选择了简约现代风的昆庭刀叉。因为餐盘和刀叉都来自历史悠久的法国品牌,餐叉的摆放也采用了尖齿朝下的法式风格。

带盒子的刀叉

昆庭的谐蕴系列是一款24件套的不锈钢西餐套装,餐具盒容纳了6把餐刀、6把餐叉、6把餐勺和6把茶匙,整齐地竖立在盒子里,其时尚光洁的镜面感很可能成为人们在餐桌上交谈的话题。

餐桌变奏！
让人印象深刻的位置盘

餐桌花

用不锈钢烛台作花瓶。中间三个选了较高的，两侧选较低的，重复排成一行。尽管餐桌花的装饰很简单，花材只有大丽花和利休草，但深粉色使整个画面变得十分华丽。餐桌花的形态也与餐盘的图案相呼应。

花材
大丽花、利休草

服务周到的餐厅,开餐时只准备位置盘和面包盘,刀叉往往会配合上桌的菜品更换。如果在家里,可以按照第191页的介绍,将刀叉放在盒子里,让客人自由拿取,这在好友聚餐的场合会更灵活。

餐具品牌方：纯子工作室（Atelier Junko）
- J.L Coquet 半球系列 金属粉位置盘
- Jaune de Chrome 阿奎尔系列 甜品盘/浓缩咖啡杯和杯碟
- 纯子工作室 柠檬装饰玻璃水壶/椭圆形柠檬装饰玻璃托盘/烛台五件套

餐桌搭配
table coordination

精致优雅的烛光晚餐

邀请了几位女士共进晚餐，宴会上点了蜡烛，摆了精选的餐具。图中便是为这次精致优雅的烛光晚餐而精心设计的餐桌搭配。

餐具选用的是法国利摩日的J.L Coquet和Jaune de Chrome品牌瓷器。整体灰色系呈现优雅格调。洒金边玻璃餐盘和玻璃杯叠放在位置盘上，显得通透。桌面物品摆放较多时，可以利用玻璃制品制造通透净的氛围。

富有装饰性的纯子工作室的托盘及玻璃冷水壶，将餐桌衬托得更加自然优雅。餐桌的中央放置了一个较大的烛台，因而餐桌花放置在两侧的小玻璃花瓶里，插上了象征优雅的紫玫瑰。用餐巾环松散地把亚麻餐巾卷一下，即可营造出华丽的印象。点燃蜡烛，就可以开始用餐了。

餐桌搭配的创意和组合技巧

主题	优雅的烛光晚宴。
概念	精致的器具给宾客带来美好的享受。
餐具	5件套组合烛台作为中心装饰品。
主题色	灰色和灰粉色。
搭配	J.L Coquet与Jaune de Chrome的餐具为主,格调统一,突显优雅。
摆放	错落有致,突出整体画面的曲线感。

第五法则

用叠加法增添趣味
在位置盘上叠放玻璃器皿,制造通透感。

6W1H基本原则

Who	我
With whom	和几位优雅的女士
Why	提供高品质的现场体验

第 4 章 基于设计的餐桌搭配十大法则

第一法则
明确主题和概念
以纯子工作室的烛台作为标志性的中心装饰品。

第四法则
让餐桌错落有致
利用中心装饰品及甜点角来制造流动感。

| When | 周末晚餐 | What | 包含两种开胃菜、主食、芝士和甜点的法餐 |
| Where | 自家餐厅 | How | 围桌就座 |

单人餐桌搭配

以灰粉色位置盘为核心进行搭配。将玻璃杯和玻璃餐盘叠放其上,整体画面呈现出温柔的曲线。刀叉选择优雅的银色,上面刻有玫瑰纹。餐巾环用了纯子工作室的金色叶子设计风格,整体凸显女性的优雅。

水壶和醒酒器

来自纯子工作室的玻璃冷水壶与有切割纹的醒酒器,一同放置在银色镜面托盘上。巴卡拉(Baccarat)的小碗里可以放些新鲜浆果,用来浸泡在饮品中享用。

餐桌花

在手工吹制的小玻璃杯中,缠绕着从花园里采摘的尤加利和蕨类植物,再插上紫玫瑰。紫色是优雅色调的代名词,花朵虽小,但十分醒目。

花材
玫瑰、洋桔梗、尤加利、蕨类植物

烛台

中心装饰品是一个象征搭配主题的铁制5件组合烛台。烛台优雅的曲线一览无遗。

甜点角

桌子右侧设有甜点角。将Jaune de Chrome的阿奎尔系列甜品盘叠放,并将同系列的浓缩咖啡杯和杯碟置于玻璃托盘上。通过两个托盘的高低差来增强立体感。甜点可露丽盛放在带有圆顶形盖子的玻璃高脚盘中。

第 4 章 基于设计的餐桌搭配十大法则

餐桌变奏！
更换叠放的餐盘，营造厚重感

位置盘不变，把玻璃餐盘和玻璃杯换成银边餐盘和Jaune de Chrome的甜点盘。尽管每个盘子的品牌都不相同，色调和质地却是精心搭配的，和谐自然，毫无违和感。与第194页相比，颜色更深，更显厚重。

餐巾的摆放也是对称的，显得更稳重。与第194页相比，给人的印象更加紧凑厚重。

餐桌搭配专栏6

餐桌搭配和餐桌展示的区别

英文display的意思是"陈列、展示",是指对特定商品进行有效地摆放。原则上,商品以外的设备和道具均是以突出商品为目的而进行装饰的。正如在展厅、百货公司橱窗和促销展台上看到的那样,餐桌上陈列的物品,需要吸引顾客的眼球,并清楚地传达他们想要销售的商品。根据这个目的和诉求进行摆放和造型。因此它不同于实际用餐场合的餐桌搭配。

以第196页的餐桌搭配为例,进行一些更改,就变成了展示用的餐桌。我们将它们排了个优先顺序,比如首先是Jaune de Chrome的"阿奎尔"系列甜点盘以及咖啡杯和杯碟,其次是纯子工作室的玻璃托盘和玻璃冷水壶。

在餐桌搭配上,我们注重整体的美观、和谐感,不需要突出某一件单品。相比之下,右图的示例突显了咖啡杯和杯碟。除了数量上最多,通过侧放展示咖啡杯的手柄也在强调它的存在感。另外,在实际用餐场合是不会出现书籍的,但在这里用它作为垫高的道具,突出产品的质感。

把第196页的餐桌搭配中使用的甜点盘、咖啡杯和杯碟、玻璃托盘和玻璃冷水壶调整为展示的样子。

餐桌搭配专栏6

对物品进行排序,这里的展示以强调了咖啡杯和杯碟的餐桌搭配为例。

品牌方:纯子工作室

在此谨向所有对《餐桌搭配的美学设计》给予帮助的人们表示衷心感谢。

向提供了精美餐具的各品牌负责人以及相关人员表示诚挚谢意。诚文堂新光社的中村智树先生、编辑宫胁灯子女士、设计师川原朗子女士、摄影师野村正治先生,为本书的制作倾力付出。一年来,我们经过实验摄影等反复尝试,花费大量时间完成了本书。书里汇集了许多人的想法、愿望和热情,我心中充满了难以言喻的感激之情。

我还要感谢本书的读者,感谢这样遇见的缘分。我真诚地希望这是一本能够留在您心里的书。

滨裕子　于2021年4月

拍摄合作方（五十音排序）

★标记仅为门店。其他部分为总部或展厅的信息。

- 浅田漆器工艺有限公司（漆器 浅田）★
  〒922-0139 石川县加贺市山中温泉菅谷町ハ215

- 昆庭（Christofle）东京大仓酒店东京店 ★
  〒105-0001 东京都港区虎门2-10-4
  Okura Prestige Tower 4F

- Atelier Junko 伊势丹新宿店 ★
  〒160-0022 东京都新宿区新宿3-14-1
  伊势丹新宿店本馆5层

- secca inc.（雪花株式会社）
  〒920-0856 石川县金泽市昭和町12-6 6F

- ARAS／石川树脂工业株式会社
  〒922-0312 石川县加贺市宇谷町夕1-8

- Bernardaud Japan 株式会社 柏图（日本）
  〒150-0002 东京都涩谷区涩谷4-1-18

- 宫崎食器株式会社（M.STYLE）
  〒110-0005 东京都台东区上野7-2-7 SA大楼

- Ercuis Raynaud（艾丘雷诺）青山店 ★
  〒107-0061东京都港区北青山3-6-20 KFI大楼 2F

- jokipiin pellava／（aulii・WESTCOAST株式会社）
  〒556-0014 大阪府大阪市浪速区大国3-8-22

- 醴铎RIEDEL青山本店 ★
  〒107-0062 东京都港区南青山1-1-1
  青山Twin Towers东馆 1F

- KISEN（喜泉）／四津川制作所有限公司
  〒933-0841 富山县高冈市金屋町7-15

图书在版编目（CIP）数据

餐桌搭配的美学设计 /（日）滨裕子著；李娜, 王斯译. -- 北京：中国轻工业出版社, 2025. 7. -- ISBN 978-7-5184-5439-6

I . TS972.32

中国国家版本馆CIP数据核字第20259H71B6号

版权声明：

Original Japanese title: TABLE COORDINATE NO HASSOU TO GIHO

Copyright © 2021 Yuko Hama

Original Japanese edition published by Seibundo Shinkosha Publishing Co., Ltd.
Simplified Chinese translation rights arranged with Seibundo Shinkosha Publishing Co., Ltd.
through The English Agency (Japan) Ltd. and Shanghai To-Asia Culture Co., Ltd.

责任编辑：方　晓　吴曼曼　　责任终审：高惠京　　　　设计制作：梧桐影
策划编辑：史祖福　方　晓　　责任校对：刘小透　晋　洁　责任监印：张京华

出版发行：中国轻工业出版社（北京鲁谷东街5号，邮编：100040）
印　　刷：艺堂印刷（天津）有限公司
经　　销：各地新华书店
版　　次：2025年7月第1版第1次印刷
开　　本：710×1000　1/16　印张：13
字　　数：230千字
书　　号：ISBN 978-7-5184-5439-6　定价：88.00元
邮购电话：010-85119873
发行电话：010-85119832　　010-85119912
网　　址：http://www.chlip.com.cn
Email：club@chlip.com.cn
版权所有　侵权必究
如发现图书残缺请直接与我社邮购联系调换
211031S1X101ZYW